改訂版 行列とベクトルのはなし

● 線形代数の基礎

大村 平 著

日科技連

まえがき

　小さな努力が大きな楽しさを呼び起こす，逆に言えば，大きな楽しみの前には必ず小さな努力を必要とする，というのが私の信念です．考えてもみてください．スキーの経験のない方がスキーに誘われたとすれば，多かれ少なかれ，ためらいや億劫さを感じることでしょう．けれども，ちょっとした気力でそれを乗り切り，ゲレンデに現われ，気恥しさと戦いながら数時間の努力をすれば，もうこっちのものです．銀世界の中の大きな楽しみに，すっかり虜になってしまうにちがいありません．そして，もっと速く，もっと恰好よく，もっとじょうずに滑りたいという希望と期待に向上心をかきたてられ，いっそうの努力をするはめになるのですが，このあたりになると，もう努力そのものが楽しみの一部です．

　こういう現象はスキーのようなスポーツに限ったことではありません．碁，将棋，マージャンのような勝負ごとでも，舞踊や謡のような稽古ごとでも，熱帯魚の飼育や盆栽のような道楽でさえも，みな同じです．どんなことでも，スタートにあたっては，ちょっとした気力と小さな努力が必要ですし，そしてどんなことにも必ずスタートがつきものです．ちょっとした気力と小さな努力なしにはそのあとに誘い出される大きな楽しみを味わうことはできないのです．

　行列やベクトルも，その考え方といくつかの技法を理解してしまえば，二度と手放す気にはならないほど便利なものです．なにしろ行列やベクトルは，もとはといえば複雑な自然現象や社会現象をこざっぱ

りと取り扱うのに適した小道具として作り出されたものなのですから……. けれど，ご多分にもれずそれを手に入れるには，ちょっとした気力と小さな努力が必要です．いや，並の教科書や参考書で行列やベクトルを手に入れようとすれば，かなりの気力と大きな努力を必要とするかもしれません．なにしろ行列やベクトルは，方程式をたてたり，式を計算したり，図形の性質を考察したりするふつうの数学とはやや異質なところがあります．で，行列やベクトルの定義や計算の仕方をぶっきらぼうに解説されたのでは，なぜ，そのように定義された行列やベクトルが必要なのか，さらには，そのような行列やベクトルがふつうの数学とどう交り合い，私たちの日常生活にどのようなプラスをもたらすのかが，わかりにくいからです．

　そこで，行列やベクトルを手に入れるための努力が小さくなるように話を進めるのを至上の命令と心得て，この本を書き始めようと思います．そのためには数学的な厳密さに欠けるとお叱りを受けたり，冗長にすぎると誹られるかもしれませんが，やむを得ません．その代り，ぜひとも多少の努力は覚悟して，私の話に付き合っていただきたいのです．最後まで付き合っていただければ，行列やベクトルの持つ現象的な実利を獲得すると同時に，行列やベクトルに秘められた新鮮な感覚をものにした勝利感を味わっていただけることを保証してもよいと自負しています．この本は，数学を「やさしく」というよりは「わかりやすく」そしゃくしていこうと志して書きはじめたシリーズの，もう8冊めにあたります．このシリーズを誕生させ成長させてくださる日科技連出版社の方々，とくに山口忠夫さんには，いつものことながら改めて感謝の辞を捧げたいと思います．

1978年2月

大　村　　　平

この本が出版されてから，早いもので40年近くたちました．その間に，思いもかけないほど多くの方々にこの本を取り上げていただいたことを，心からうれしく思います．ところが，その間の社会環境の変化などにより，文中の記述に不自然な箇所が目につきはじめたため，そのような部分を改訂させていただきました．また，より具体的にイメージしてもらいやすいように，一部の表現も変更させていただきました．

　この本を含めて，「はなし」シリーズの改訂版も15点を数えるほどになりました．このシリーズが，今まで以上に多くの方々のお役に立てるなら，これに過ぎる喜びはありません．

　なお，改訂にあたっては，煩雑な作業を出版社の立場から支えてくれた，塩田峰久取締役に深くお礼を申し上げます．

2015年1月

大　村　　平

目　　次

まえがき ……………………………………………………… *iii*

Ⅰ　あさってのベクトル …………………………………… *1*
　　前　口　上 ……………………………………………… *1*
　　迷える小羊を追って …………………………………… *5*
　　力を合わせて …………………………………………… *10*
　　速度と速さ──ベクトルとスカラー ………………… *13*
　　成績のベクトル ………………………………………… *16*
　　空間のベクトル ………………………………………… *19*
　　4次元のベクトル ……………………………………… *22*

Ⅱ　ベクトルの演算作法 …………………………………… *28*
　　ベクトルは運び屋 ……………………………………… *28*
　　ベクトルの成分 ………………………………………… *30*
　　マイナス・ゼロ・イチのベクトル …………………… *34*
　　ベクトルのたし算 ……………………………………… *37*
　　ベクトルのひき算 ……………………………………… *43*
　　生活費ベクトルの計算 ………………………………… *46*
　　ベクトル×スカラー …………………………………… *49*

ベクトル×ベクトル ················· *54*
　　あさってのかけ算 ················· *59*
　　もうひとつのベクトル×ベクトル ········· *62*
　　基本ベクトルという名の小道具 ·········· *66*

III ベクトルから行列へ ················· *72*
　　あんじょう，ちんじょう，そくじょう ······· *72*
　　行列のぞき見 ··················· *76*
　　珍案・立体行列 ················· *80*
　　基礎的なはなし ················· *84*
　　行列のたし算，ひき算 ··············· *87*
　　行列×スカラー ················· *90*
　　行列×行列 ··················· *93*
　　かけ算法則集 ··················· *97*
　　不思議な行列 ··················· *102*
　　かけ算の意味を探る ··············· *106*
　　まとめて面倒みる ················· *110*

IV 一次変換を退治する ················· *114*
　　鏡に写るわが姿 ················· *114*
　　一次変換ということ ··············· *117*
　　ダブルの一次変換 ················· *121*
　　マルコフ過程のはなし ··············· *128*
　　社会科学を背負う行列 ··············· *131*
　　行列のわり算 ··················· *134*

行きのキップと帰りのキップ ················ *139*

V　行列から行列式へ ················ *145*
　　逆変換で連立方程式を解く ················ *145*
　　行列式の登場 ················ *148*
　　行列式でつるかめ算を解く ················ *152*
　　つるかめ算もどきを一蹴 ················ *159*
　　行列式の性質さまざま ················ *165*
　　あざやかな計算 ················ *170*
　　行列式をばらせ ················ *175*
　　行列式のかけ算 ················ *178*
　　仲良し三角関係 ················ *181*
　　ホイートストン・ブリッジの謎を解く ················ *184*

VI　ベクトルと行列の総がらみ ················ *193*
　　ベクトル女性教室 ················ *193*
　　2つのベクトルが垂直になる条件 ················ *197*
　　7点一致の物語り ················ *202*
　　単位ベクトルの独壇場 ················ *208*
　　一次変換のブラック・ホール ················ *219*
　　逆行列バンザイ ················ *227*
　　最　後　に ················ *233*

付　　　録 ················ *236*
　　原点を通る直線に対称な移動は一次変換である ················ *236*

逆行列であることの証 ……………………………………… *238*
連立方程式が行列式で解けるわけ …………………………… *240*
演算法則一覧表 ………………………………………………… *242*

本文イラスト―佐々岡秀夫

I　あさってのベクトル

　　前　口　上

　ヒトは,「道具を作る動物」であるといわれます.＊ 猿や類人猿は餌をとるために手近にある石や枝を一時的に使うことはありますが, でも, 材料を加工して目的に合致した道具を作り, それを繰り返して使用するのはヒトだけだそうです. これらの道具のおかげで, とりわけ腕力が強くもなく, 歯が鋭いわけでもなく, たいしてすばしこくもない人類が, 地上の生物を支配しているのですが, さて, これらの道具を作り出すのは, 人間が本来, 働きものだからでしょうか, それとも, 怠けものだからでしょうか.

　近年, 私たちは非常に高度化した道具を使うようになりました. たとえば, 油圧シャベルなどの建設機械……. 近年の建設機械は,

---

　＊　アメリカの科学者であり, 政治家としても独立に貢献したベンジャミン・フランクリン(1706 〜 1790)によれば, ヒトは tool-making animal だそうです.

掘ったり削ったり均したり，数百人に匹敵する仕事をやってのけます．昔は「国破れて山河あり」といって，戦争で国が滅びても山河だけは常に変わらぬ美しさを保っていたはずなのに，今日では，建設機械が1カ月も動き回っていると小さな山のひとつくらい簡単に消滅してしまい，自然破壊の元兇と，冷たい目で見られることがあるくらいです．人類は，この建設機械を自らの労働を怠けたいために作り出したのでしょうか．いや，そうではありますまい．より豊かでより安定した生活を，より早いテンポで手に入れようと，努力に努力を重ねて作り出した道具にちがいありません．その証拠に，建設機械を運転する人たちは，いねむりをしたり怠けたりしているわけでは決してなく，騒音と振動に耐えながら，ほこりと汗にまみれて働き，懸命に人類の富を創り出しているではありませんか．

　コンピュータはどうでしょうか．これも，計算の作業を怠けるために人類が作り出したとは思えません．その桁はずれに速い計算力と正確な記憶力とにバラ色のコンピュートピアを積極的に求めて，働きものの人類が苦心惨憺のすえ作り出したと考えるのが，すなおなところでしょう．また，大量の物資を高速で運ぶための鉄道やトラックや船は，どうでしょうか．やはり，人間の肩で荷を運ぶのを怠けるためというよりは，物資の流通を通して私たちの経済圏を拡げ，より豊かで安定した生活を獲得しようと，努力して作り出した人類の産物であるとみなしてよいのではないでしょうか．

　こう考えると，私たちが使用するたくさんの道具は，私たちの労働の能率を高めるために作り出されたものであり，本来人間は働きものなのだと誇らしいような気がします．けれども，その反面，人間は本来怠けものだと思われるフシもあるので，困ってしまうので

す．たとえば，徒歩10分くらいの距離をバスやタクシーに乗る人は少なくありません．こうして浮いた時間をどこに回しているのでしょうか．それが，生産的な勤労に回されているなら，人間は働きものだと改めて思い知らされるのですが，どうやら，浮いた時間は，期待に反し安逸に浪費されている場合が少なくないように思えます．こうしてみると，自動車は人間が怠けるために作り出した道具であり，本来人間は怠けものではないかと疑いたくなってきます．

また，駅やデパートのエスカレータなどは，ひいきめに見ても作業の能率向上のためというより，らくをするためであるように思えますし，運動のために出かけるゴルフ場にさえ坂道にエスカレータが設置されているのを見ると，疑いもなく人間は怠けものであると感じてしまいます．さらに，ねころんだままテレビのチャンネルを切り換えることができるリモコンのスイッチなどになると，怠けるために人間が作り出した小道具以外の何ものでもありません．

どうやら，人間には働きものと怠けものの両面があるというのが公平なところのようです．そして，人間が使用する道具にも，仕事の能率向上のためのものと，労苦から逃れてらくをするためのものの，2つの目的が共存しているように思われます．

この本でお話ししようとしている'ベクトル'と'行列'は，いずれも数学の中で使われる道具です．いや，道具などというものではない，数学そのものの重要な一部分だ，というご意見もあるかもしれませんが，ま，その議論はしばらく措いて，自然現象や社会現象を数学的に取り扱うときに，とても便利に利用される道具だと思っておいてください．道具であれば，ご多分にもれず数学的な取扱いをらくにする効果と，数学的な取扱いの能率を向上させる効果

とを併せ持っていると思われますが，まさに，そのとおりなのです．ページが進むにつれて，なるほどと合点していただけるはずなので，乞うご期待ください．

さらに，もうひとつ付言させていただきたいことがあります．道具は，仕事の能率を上げようとか，らくをしようとかを目的に作り出されたものですが，作り出されてみると最初の目論見にはない効用が見出されることが少なくありません．たとえば，コンピュータは筆算に頼っていた計算を大量に早くやるために作り出された道具なのですが，改善されて今日の姿になったことにより，筆算の手助けといった最初の目論見とはまったくかけ離れた効用が見出され，社会の仕組みの中枢に位置を占めるようになりました．そして，私たちの生活やものの考え方に重大な影響を及ぼしています．道具というものは，ゼベットじいさんが作ったピノキオのように，製作者の意図にかかわりなく，ひとり歩きをはじめることもあるのです．

ベクトルや行列にも同じようなことが言えそうです．はじめは，自然科学的な現象を数学的に取り扱うための小道具として誕生したと思われるのに，使っているうちにその概念に思いがけない効用が発見され，さらに概念に磨きがかけられて，いまでは広い利用範囲を誇るとともに，数学的取扱いのための小道具から，数学そのものの重要な一部分にまで栄進してしまった観があります．

のっけからベクトルや行列は効用に富んだ小道具であると同時に，数学そのものを構成する重要な概念であると吹聴してしまいました．それが大ぼらでない証拠をつぎつぎに提示していかなければなりません．なんといっても，論より証拠です．どうぞ，つぎへ読み進んでください．

迷える小羊を追って

 確率についての有名な問題のひとつに，こんなのがあります．碁盤目に整然と作られた街路を，泥酔した男が千鳥足で歩いていきます．男は十字路に差しかかると立ち止まってどちらへ行こうかと考えるのですが，なにせ，泥酔していて文字どうり右も左もわかりませんし，自分がどちらから来たかも忘れてしまっているので，適当に勝手な方向へ歩きはじめます．つまり，十字路にさしかかるたびに，直進するか，右折するか，左折するか，いま来た道を引き返すかが，それぞれ 1/4 ずつの確率で起こるのです．この男が十字路を n 回通過したとき，出発点からどれだけ離れたあたりをさまよっているだろうか……という妙な問題です．ばかばかしいように思えますが，確率論としては結構むずかしい問題なのです．泥酔した男が十字路でどちらに進むか，かいもく見当がつかないからです．

 この節では，もうちょい，やさしい問題を扱うことにします．ある地点を出発した小羊が

① 北へ 3km 進み

② 東へ 3km 進み

③ 南へ 1km 進み

④ 南から西へ 37°かたよった方向へ 5km 進み

⑤ 東へ 2km 進み

⑥ 西から北へ 37°かたよった方向へ 5km 進んだ

としましょう．小羊は，うろうろした挙句に，結局どの地点に到達したでしょうか．なお，問題の中に「37°かたよった方向」が使われていますが，脚注 * を見ていただけばわかるように，南から西へ

37°かたよった方向へ5km進むと,ちょうど南へ4km,西へ3kmだけ進んだことになるので,かんじょうが容易なのです.

この問題は決してむずかしくはありません.けれども,頭の中だけで考えていると,次第にごちゃごちゃしてきて,やがて前頭葉のあたりが,かーっと熱くなってしまいます.そこで,この手の問題に挑戦するときは,図1.1のように①から順に矢印を描いてみるの

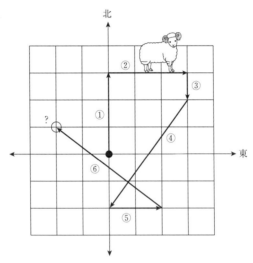

うろうろした挙句にどこへいったか?

図 1.1

---

* 右図のように,約37°の角を持つ直角三角形を作ると,3つの辺の長さが,5:4:3になります.そこで,南から西へ37°かたよった方向に5km進むと,元の位置から西へ3km,南へ4kmの位置に到達することになります.

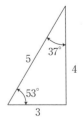

I あさってのベクトル

が常套手段です．図を見てください．①から順に連った6本の矢印が迷える小羊の足跡を描き出していて，この図を見ながら小羊の位置を考えてゆけば，前頭葉が熱くなることもありません．

では，小羊の足跡を追跡してゆきましょう．①は北へ3kmですから，矢印は上方へ3目盛だけ延びています．小羊の位置を東軸と北軸とで作った直交座標上で表わすことにすると，①は

$$\begin{cases} 東方向へは & 0\,\text{km} \\ 北方向へは & 3\,\text{km} \end{cases}$$

だけ進んだことを意味しています．これを，ひとかたまりにして

$$① = \begin{bmatrix} 0 \\ 3 \end{bmatrix}$$

と表わすことにしましょう．つまり，東方向へ進んだ距離を上段に，北方向へ進んだ距離を下段に，kmという単位を省略して並べて書くことに勝手に決めるのです．この決め方に従うと，②は

$$\begin{cases} 東方向へは & 3\,\text{km} \\ 北方向へは & 0\,\text{km} \end{cases}$$

だけ進むのですから

$$② = \begin{bmatrix} 3 \\ 0 \end{bmatrix}$$

と書き表わせることになります．では，①と②とを進んだとき，小羊はどの地点に来ているでしょうか．いうまでもなく，図1.1からもわかるように

$$① + ② = \begin{bmatrix} 0 \\ 3 \end{bmatrix} + \begin{bmatrix} 3 \\ 0 \end{bmatrix} = \begin{bmatrix} 0+3 \\ 3+0 \end{bmatrix} = \begin{bmatrix} 3 \\ 3 \end{bmatrix}$$

であり，つまり，出発点から東へ3km，北へ3kmのところに到達

しています．

つぎの③は，南へ1km進むのですから，いい換えれば

$$\begin{cases} 東方向へは & 0\,\mathrm{km} \\ 北方向へは & -1\,\mathrm{km} \end{cases}$$

進むことを意味し，したがって

$$③ = \begin{bmatrix} 0 \\ -1 \end{bmatrix}$$

です．そして，④は6ページの脚注からもわかるように

$$\begin{cases} 東方向へは & -3\,\mathrm{km} \\ 北方向へは & -4\,\mathrm{km} \end{cases}$$

だけ進むことになるので，したがって

$$④ = \begin{bmatrix} -3 \\ -4 \end{bmatrix}$$

です．同様に

$$⑤ = \begin{bmatrix} 2 \\ 0 \end{bmatrix} \qquad ⑥ = \begin{bmatrix} -4 \\ 3 \end{bmatrix}$$

であることも，容易に合点していただけることと思います．

さて，迷える小羊は，①，②，③，④，⑤，⑥と進行した挙句の果てに，どの位置まで来ているのでしょうか．これを求めるには，①から⑥までをぜんぶ加え合わせればよいのですから，わけはありません．

$$\begin{aligned} &①+②+③+④+⑤+⑥ \\ &= \begin{bmatrix} 0 \\ 3 \end{bmatrix} + \begin{bmatrix} 3 \\ 0 \end{bmatrix} + \begin{bmatrix} 0 \\ -1 \end{bmatrix} + \begin{bmatrix} -3 \\ -4 \end{bmatrix} + \begin{bmatrix} 2 \\ 0 \end{bmatrix} + \begin{bmatrix} -4 \\ 3 \end{bmatrix} \\ &= \begin{bmatrix} 0+3+0-3+2-4 \\ 3+0-1-4+0+3 \end{bmatrix} = \begin{bmatrix} -2 \\ 1 \end{bmatrix} \end{aligned}$$

Ⅰ　あさってのベクトル

**長さに意味がない矢印は
ベクトルとはいわない**

となって，出発点から西へ 2km，北へ 1km のところに来ていることがわかります．

　図 1.1 の中には 6 本の矢印が描かれています．そして特徴的なことは，この矢印の方向と長さの両方に意味があることです．このように，方向と長さの両方に意味があるような矢印を**ベクトル**と呼びます．そして，①から⑥までの 6 本の矢印を「数学の組合せ」で表わすと

$$\begin{bmatrix} 0 \\ 3 \end{bmatrix}, \begin{bmatrix} 3 \\ 0 \end{bmatrix}, \begin{bmatrix} 0 \\ -1 \end{bmatrix}, \begin{bmatrix} -3 \\ -4 \end{bmatrix}, \begin{bmatrix} 2 \\ 0 \end{bmatrix}, \begin{bmatrix} -4 \\ 3 \end{bmatrix}$$

の形になるのでした．つまり，これらの「数字の組合せ」は①から⑥までの 6 本の矢印とまったく同じ意味をもっています．したがって，これらの「数字の組合せ」も，やはり**ベクトル**と呼びます．矢印と「数字の組合せ」は，ベクトルを異なった形式で表現したにすぎないのです．ちょうど，'5' と '五' とが同じ概念の異なった形式による表現にすぎないように，です．

力を合わせて

つぎのテーマに進みます．道路上の牛を2人の男が引っ張っていると思ってください．1人は，道路の方向から右へ37°かたよった方向へ15kgの力で，他の1人は，道路から左へ53°かたよった方向へ10kgの力で引っ張りはじめたのですが，さて，この牛はどちらの方向へ動きはじめるでしょうか．いいかえれば，この牛はどちらの方向から引っ張られたのと同じ動きをするでしょうか．

牛に作用する力を図に描くと図1.2のようになります．2本の矢印は，力の作用する方向を示すと同時に，長さも15kg対10kgの比を正しく守って描かれていますから，この矢印は方向と長さの両方に意味があります．したがって，ともにベクトルです．37°とか53°とかの半端な角度は，6ページの脚注と同様，辺の長さが5：4：3の直角三角形の2つの角度です．この角度を使っておくとあとの計算がらくなので選んだまでのことです．

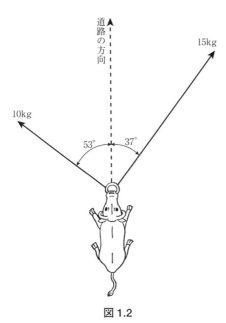

図 1.2

では，図を観察して，牛がどの方向に動き出すか想像してみてく

ださい．右の力は，牛を道路よりは右のほうへ動かそうとしますが，道路からのかたよりが37°と比較的小さいので，力が大きいわりには牛を道路の右側へ引きずり出す力はそれほど大きくはなく，主として牛を道路に沿って前進させることになります．左の力は，牛を道路沿いに前進させようとする以上に道路の左側へ引きずり出そうとしますが，もともと力そのものが右の15kgに較べて5kgも小さいので，力の方向が道路から53°もかたよっているわりには，牛を左側へ引き出す力はたいして大きくはないと思われます．牛がどの方向に動き出すか，結局よくわからないではありませんか．

そこで，牛に働く力を表わす2本の矢印がベクトルであったことを思い出すことにします．牛には2つの力が同時に作用するのですから，2つの力が加え合わされて作用すると考えることができます．つまり，牛には2本のベクトルが加え合わされたものと等しいベクトルが作用すると考えることができます．で，2つのベクトルを加え合わせることにします．まず，右のベクトルは

$$\begin{cases} 道路の方向へ & 12\text{kg} \\ 道路と直角の右方向へ & 9\text{kg} \end{cases}$$

ですから，このベクトルを

$$\begin{bmatrix} 12 \\ 9 \end{bmatrix}$$

で表わすことにしましょう．つまり，牛を道路方向へ引っ張る力を上段に，道路から右側へひきずり出そうとする力を下段に並べて書くと決めてしまうのです．同様に左のベクトルは

$$\begin{cases} 道路の方向へ & 6\text{kg} \\ 道路と直角の右方向へ & -8\text{kg} \end{cases}$$

ですから，このベクトルは

$$\begin{bmatrix} 6 \\ -8 \end{bmatrix}$$

で表わされます．したがって，2つのベクトルを加え合わせると

$$\begin{bmatrix} 12 \\ 9 \end{bmatrix} + \begin{bmatrix} 6 \\ -8 \end{bmatrix} = \begin{bmatrix} 18 \\ 1 \end{bmatrix}$$

となり，加え合わされたベクトルは図1.3の左の図のように道路方向より僅かに右側にかたよっています．したがって，牛はこのベクトルの方向に

$$\sqrt{18^2 + 1^2} \fallingdotseq 18.03 \mathrm{kg}^*$$

の力で引っ張られることに相なります．

ところで，図1.3の左の図をもういちど見てください．右37°へ15kgのベクトル①と，左53°へ10kgのベクトル②とを加え合わせ

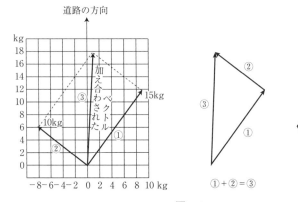

図1.3

---

* 三平方の定理の活用です．

ると③のベクトルができるのですが，③は，①と②とで作られる平行四辺形の対角線になっています．そしてまた，図 1.3 の中の図のように，①のベクトルの先端に②のベクトルを連ねたとき，①の根元から②の先端に向かう矢印が③であると考えることもできるし，同時に，図 1.3 の右の図のように，②のベクトルの先端に①のベクトルを連ねたとき，②の根元から①の先端に向かう矢印が③であるとみなすこともできます．いうなれば，中の図は

　　　① + ② = ③

を意味していて，右の図は

　　　② + ① = ③

を表わしているのです．そうこうしているうちに，ベクトルでは

　　　① + ② = ② + ①

であることが立証されてしまったことになります．

速度と速さ——ベクトルとスカラー

　小羊が出て，牛が出て，こんどは象でも出るのかと思ったら，期待に反して，かたつむりが登場するのです．かたつむりの出番がどこにあるのかというと……．

　船が 10m/ 分の速度で直進していると思っていただきます．どうせ作り話ですから，やけに遅い船ではないか，などと混ぜ返さないでください．その，やけに遅い船の上に，かたつむりが登場するのです．私たちの愛すべきかたつむり君は，船の甲板上を，船尾の方向から 60°右側へかたよった方向に 2m/ 分の速さで，もぞもぞと進んでゆきます．かたつむり君は，船に対しては船尾から右へ 60°

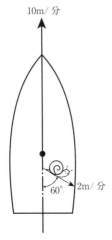

かたつむりは水面に対してどちらへ動いてゆくのか

図 1.4

の方向に 2m/分で進んでいるのですが，では，水面に対しては，どの方向へ，どれだけの速さで進んでいるのでしょうか．

かたつむりは船に対して動いていて，船は水面に対して動いているのですから，かたつむりの水面に対する動きは，この両者を加えてやれば求まるにちがいありません．そこで，動きのベクトル図を描いてみます．図1.4の船首へ向かう矢印は船の動きを表わすベクトルで，右下方に向かった矢印はかたつむりの船に対する動きを表わすベクトルです．もちろん，矢印の長さは 10m/分：2m/分の比で描かれています．かたつむりの水面に対する動きは，この2本のベクトルを加えてやればよいのですから，わけはありません．

船の動きを表わすベクトルは

$$\begin{cases} 船首の方向へ & 10\text{m}/分 \\ 右の方向へ & 0\text{m}/分 \end{cases}$$

ですから，これを

$$\begin{bmatrix} 10 \\ 0 \end{bmatrix}$$

で表わし，かたつむりの船に対する動きを表わすベクトルは

$$\begin{cases} 船首の方向へ & -1\text{m}/分 \\ 右の方向へ & \sqrt{3}\,\text{m}/分 \end{cases}$$

なので，*これを

$$\begin{bmatrix} -1 \\ \sqrt{3} \end{bmatrix}$$

と書けば，この2つのベクトルの和は

$$\begin{bmatrix} 10 \\ 0 \end{bmatrix} + \begin{bmatrix} -1 \\ \sqrt{3} \end{bmatrix} = \begin{bmatrix} 9 \\ \sqrt{3} \end{bmatrix}$$

となります．つまり，かたつむり君は，水面に対しては船の進行方向に9m/分，右の方向へは$\sqrt{3}$m/分で，もぞもぞと移動していることが判明したわけです．念のために，このベクトルのたし算を図1.5に描いておきましたが，もう，説明の必要もないでしょう．

ところで，物理学では速度(velocity)と速さ(speed)とを区別しています．方向を考えに入れた速さを'速度'といい，方向を無視した速さを'速さ'というのです．たとえば，円形のグランドを一定の速さで走っているランナーは，速さは一定ですが，速度は一定ではありません．走る方向が時々刻々変わっているからです．つまり，速度は方向と大きさの両方で表わされるので**ベクトル**の量なのですが，これに対して速さは，方向には無関心で大きさだけを表わしているのでベクトルではありませ

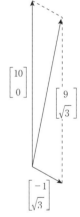

図1.5

---

* 図のように，60°の角を持つ直角三角形では，3つの辺の長さが，$2:1:\sqrt{3}$になります．三平方の定理
$$2^2 = 1^2 + (\sqrt{3})^2$$
が成立していることを確認してみてください．

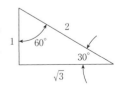

ん．速さのように，大きさだけを表わす量を**スカラー**と呼びます．

　私たちは日頃扱う量を，多くの場合，スカラー量として意識しています．たとえば，牛肉100grは，ほんとうは重力によって地球の中心の方向へ引っ張られるベクトル量なのですが，しかし私たちはその方向にはまったく何の関心も払いません．肉のかたまりの量にだけ関心があって，その方向には無関心なのですから，牛肉100grをスカラー量として意識していることになります．

　同じように，1mは長さを測る単位ですから，測られるものの方向が，たとえばスカイツリーの高さとか二重橋の長さのようにはっきりしているときには，その方向を意識することもありますが，ふつうは，方向には無関係に軽く両手を拡げた程度の量として，つまりスカラー量として意識しています．

　さらにまた，数学と体育の試験の点数がそれぞれ8点と5点であったとすると，私たちは8点と5点という大きさだけに関心があって，その8点と5点に方向があるなどと考えることはありません．つまり，8点と5点は完全にスカラー量であって，それがベクトル量であることなどあり得ないように思います．けれども，この8点と5点をベクトル量と考えるほうが現実的である場合も少なくないのです．話がいくらかおもしろくなってきました．

成績のベクトル

　ある会社の社長の手元に，女子社員の入社試験の結果が届いたと思っていただきます．どういうわけか，この会社の入社試験は数学と容姿についてだけ行なわれています．で，社長の手元に届く成績

I あさってのベクトル

表は，受験者のひとりひとりについて

$$\begin{cases} 数学 & 6点 \\ 容姿 & 2点 \end{cases}$$

というように書かれています．どの成績表も上段には数学の点数，下段には容姿の点数を書くというルールがはっきりしていれば，成績表は簡単に

$$\begin{bmatrix} 6 \\ 2 \end{bmatrix}$$

と書かれていても差支えありません．いま，社長の手元に届いた5人の受験者の成績が

$$\overset{靖子}{\begin{bmatrix} 9 \\ 1 \end{bmatrix}}, \overset{ふみ}{\begin{bmatrix} 6 \\ 2 \end{bmatrix}}, \overset{結衣}{\begin{bmatrix} 3 \\ 9 \end{bmatrix}}, \overset{まい}{\begin{bmatrix} 1 \\ 4 \end{bmatrix}}, \overset{彩}{\begin{bmatrix} 1 \\ 10 \end{bmatrix}}$$

であったとしてみましょう．そうすると，この5人の成績はそれぞれベクトルです．9ページに書いたように「数字の組合せ」は**ベクトル**であり，方向と大きさを持った矢印を形式を変えて表現したものだからです．

数学の点数と容姿の点数に方向があるという意味がわかりにくいかもしれません．そこで，数字の組合せで表わされたベクトルを矢印に描いてみました．図1.6が，それです．数学の点数を表わすM軸

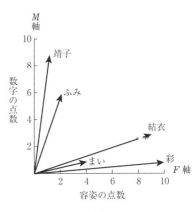

図 **1.6**

と容姿の点数を表わす F 軸とで直交座標を作り，その上に 5 人の成績ベクトルを書き入れてあります．こうして見ると，いろいろなことが読みとれます．靖子とふみは M 軸に近い方向を持っていて，結衣，まい，彩は F 軸に偏った方向を持っています．明らかに靖子，ふみのグループと，結衣，まい，彩のグループとは性格的に異なっています．そういう意味では，「方向」という言葉を「性格」に近い感覚でとらえたほうがわかりやすいかもしれません．もちろん，ベクトルの方向が M 軸に近いのは容姿には恵まれないけれど数学はできることを表わし，F 軸に近いベクトルは容姿に較べて数学力が劣ることを意味しています．また，靖子，結衣，彩のベクトルは長いし，まいのベクトルは短いのですが，ベクトルの長さは数学と容姿の総合成績を表わしていると考えることができます．

社長が，総合成績を重要と考えるなら靖子，結衣，彩あたりを採用するでしょうし，数学力を第 1 とするなら靖子，ふみの順になるし，容姿ごのみなら彩，結衣でしょうし，容姿のわりに数学ができるのは嫌いだというなら彩，まいが選ばれることになるでしょう．つまり，5 人の成績ベクトルの長さと方向の両方が意味を持っているのです．いいかえれば，入社試験の選考の場合，数学と容姿の点数は，スカラー量ではなく，ベクトルとして取り扱われていると考えるほうが現実に忠実です．

もし，数学と容姿の点数をスカラー量とみなしたらどうでしょうか．両方の点数には方向性がないのですから，いいかえれば，両方の点数に性格的な差がないのですから，「数学 9, 容姿 1」と「数学 1, 容姿 9」とを区別しないことになります．けれども，ブサイクなシューサイと美形なおバカを混同してしまうことなど現実にはあ

りません.やはり,私たちは知らず知らずのうちに数学と容姿の点数をスカラーとしてではなく,ベクトルとして扱っていると考えるほうが当を得ています.

空間のベクトル

位置の移動,力,速度,試験の成績と題材を変えながらベクトルを紹介してきましたが,いままでの題材はすべて平面上の矢印で表わすことができるものばかりでした.この節では,3次元の空間に話を拡げてゆきましょう.で,迷える小羊の代りに迷える小ひばりを登場させることにします.羊では地上を平面的に迷い歩くことしかできませんが,ひばりなら空間を立体的に迷い飛ぶことができるからです.ひばりは,草原などの平地に巣を作り,巣の位置を外敵に知らせないために巣から離れたところに舞い降りるくらい用心深いけれど,舞い上がるときには巣からまっすぐに飛び上がるので巣のありかがばれてしまうという人もいますが,舞い上がるときにも巣から離れたところから飛び上がるという人もいて,どちらが本当か私は知りません.いずれにしろ方向感覚や位置感覚はずいぶん良さそうで,迷子になるとはとても思えませんが,私たちのベクトルのために,ぜひとも迷子になってもらうことにしました.

まず,巣から飛び上がった小ひばりは,東南の空をめざして地面と35°の方向に一直線に飛んでゆきます.そして,高さがちょうど1kmになったとき,小ひばりは,ふと立ち止まって,いや飛び止まってしまうのです.どちらへ飛んで行くはずだったか,ころっと忘れてしまったからです.迷子になってしまった小ひばりは,つぎ

に羽の向くまま南西の方向へ，やはり地面と35°の方向に一直線に上昇を続けます．そして高さが2kmになったとき，ぴたりと停止します．空中で停止できるのは，小さな鳥や昆虫の特技なのです．*
迷子の小ひばりの航跡はまだまだ続くのですが，とりあえず，小ひばりの現在位置を求めてください．

まず，なぜ35°という半端な角度を使ったかについて補足しておきます．図1.7を見てください．一辺が1の立方体があります．底の対角線の長さは三平方の定理によって

$$\sqrt{1^2+1^2}=\sqrt{2}$$

です．そうすると，矢印

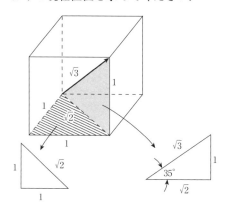

図 1.7

で示された立方体の対角線の長さは

$$\sqrt{(\sqrt{2})^2+1^2}=\sqrt{3}$$

であることがわかります．そして，斜辺が$\sqrt{3}$，底辺が$\sqrt{2}$，高さが1であるような直角三角形の角の1つは，右下の三角形のように，約35°なのです．したがって，小ひばりが東南の空をめざして35°の角度で一直線に飛ぶということは，1kmの立方体の対角線に沿って飛ぶことを意味し，高さがちょうど1kmになったときに，出発

---

* なぜ，小さな鳥や昆虫には空中停止飛行（ホバリング）ができるのに，大きな鳥にはそれができないかを，この本のシリーズ，『関数のはなし【改訂版】(上)』63ページに説明してあります．

点から東へ 1km, 南へ 1km の上空にきていることになります. こういうわけで, 35°という半端な角度で問題を作ってみたのです.

問題を細くしながら, すでに解答の一部へ足を踏み入れてしまいました. 小ひばりは, まず, 東南の空をめざして 35°の角度で高さが 1km になるまで飛んだのですが, そのとき, 出発点から

$$\begin{cases} 東へ & 1\mathrm{km} \\ 南へ & 1\mathrm{km} \\ 上へ & 1\mathrm{km} \end{cases}$$

のところにきているのでした. すなわち, その飛行経路は

$$\begin{bmatrix} 1 \\ 1 \\ 1 \end{bmatrix}$$

のベクトルで表わされます. つづいて, 小ひばりは南西の方向に地面と 35°の角度で飛び続け, さらに 1km だけ上昇したのですから, この飛行経路は

$$\begin{cases} 東へ & -1\mathrm{km} \\ 南へ & 1\mathrm{km} \\ 上へ & 1\mathrm{km} \end{cases} \quad つまり \quad \begin{bmatrix} -1 \\ 1 \\ 1 \end{bmatrix}$$

のベクトルで表わされるはずです. そうすると, 小ひばりは出発点から

$$\begin{bmatrix} 1 \\ 1 \\ 1 \end{bmatrix} + \begin{bmatrix} -1 \\ 1 \\ 1 \end{bmatrix} = \begin{bmatrix} 0 \\ 2 \\ 2 \end{bmatrix}$$

のベクトルで表わされる位置, すなわち, 出発点から南へ 2km で高さが 2km の位置に到達しているにちがいありません.

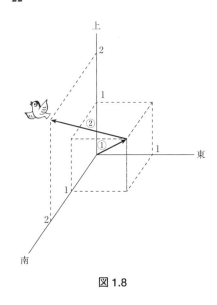

図1.8

この模様を矢印のベクトルで描いてみると，図1.8のようになります．この本の紙面は平面ですから立体を図示することはできないはずですが，目の錯覚を利用して'南'の方向が紙面から手前へとび出しているように感じとってください．小ひばりは，まずベクトル①に沿って飛び，ついで，ベクトル②に沿って飛んだ結果，出発点からちょうど2km南の地点の上空2kmのところにきていることが，一目瞭然です．

こういうベクトルの取扱い方は，前節までに紹介した2次元でのベクトルの取扱い方とまったく同じです．つまり，2次元で考えてきたベクトルの概念は，3次元でもそのまま生き続けています．

4次元のベクトル

2つの数字で表現されたベクトルは2次元の平面上に長さと方向を持った矢印として示され，3つの数字で表現されたベクトルは3次元空間内に長さと方向を持った矢印で示されるのですから，4つの数字で表現されるベクトルは4次元空間内に長さと方向を持っ

た矢印で示されるにちがいありません．けれども，4次元空間とはいったいなんでしょうか．

2次元の世界には前後と左右しかありません．かりに2次元の世界に住む生物がいるとすれば，彼らは前後，左右のほかに上下の方向があることをまったく知覚しませんから，彼らの住む平面上に1 mmの高さの障害物があっても，それを乗り込えて進むことなど思いつきもしないし，できもしません．3次元の感覚を持ち，3次元に行動する私たちから見れば，腹立たしいほど間の抜けた話です．

私たちがコンクリートで前後，左右，上下を囲まれた密室に入れられたら，そこから出る術を知りません．けれども，4次元の世界に住む生物がそれを見たとすれば，やはり腹立たしいほど間の抜けた態と思うでしょう．前後，左右，上下ではないもうひとつの方向にちょっと動きさえすれば，密室からたやすく抜け出せるし，その方向は彼らにとって前後，左右，上下の方向と同じくらいあたりまえの方向だからです．けれども，残念ながら私たちは，その方向がどちらに向かっているのか想像することさえできないのです．前後，左右，上下の3方向に時間の方向を加えたものが4次元の世界だという人もいますが，これでは密室へたやすく出入りする自由をうまく説明できそうもありません．*

---

* 3次元の球が2次元（平面）の世界を通過する場合を2次元に住む生物の立場で考えてみてください．まず点が現われ，みるみる半径が増加して球の直径に等しい円になり，つづいて円が縮小してすっと消えてしまいます．もしも4次元の球が3次元の世界を通過したとすれば，まず空間に点が現われて，みるみる膨張して球になり，つづいて縮小してすっと消えてゆくはずです．いったい，4次元の球はどこから来てどこへ行ったのでしょうか．

このように，4次元の空間を絵画的に脳裏に描くことは，私たち3次元の生物にはできないのですが，しかし，理くつの上では，4次元を利用することはさしてむずかしくはありません．たとえば……，プロ野球選手が大成するかどうかは，心，技，体，運によって決まるという人がいます．心は精神面，技は技術，体は体力，運は文字どうり運の良否です．そこで，プロ野球選手の心技体運を10点満点で評価し点数をつけてみたところ，その結果は，たとえば

　　心　6点
　　技　8点
　　体　2点
　　運　3点

というようになりました．これを

$$\begin{bmatrix} 6 \\ 8 \\ 2 \\ 3 \end{bmatrix}$$

と表現すれば，これは明らかにベクトルです．そして，このベクトルを矢印で描けば，それは心軸，技軸，体軸，運軸の4つの軸が互いに直交する4次元空間の中で方向と長さを持った矢印になるはずです．もちろん，4次元空間中のベクトルを絵画的に描くことはできません．けれども，いろいろなプロ野球選手について描かれたたくさんのベクトルのうち，長いベクトルはレギュラーを，短いベクトルは控えを表わしていて，ベクトルが心軸，技軸，体軸，運軸のどれに近い方向を持っているかによって，選手の性格づけができよ

うというものです．絵では描けないにしても，こういう理屈を納得することは，たいしてむずかしくはないでしょう．

ここで，ひょっとすると，心，技，体で前後，左右，上下の3つの軸を作り，運軸を適当な方向に追加した座標を利用すれば，4次元のベクトルを描けるではないかとお考えのムキもあるかもしれません．すごく頭の冴えた方のようですが，残念ながら，そんなにうまくはいかないのです．図1.9を見ていただきましょうか．心軸，技軸，体軸を互いに直交させて平凡な立体座標を作り，それに運軸を1本追加して4次元座標らしきものを作ってみました．ほんとう

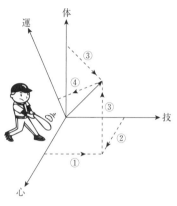

3次元空間に4次元座標もどきを作っても，心，技，体の得点を決めると運の得点が決まってしまい，運軸が存在する意味がない．

図1.9

は，運軸を他の3本の軸と直交するように引かないといけないのですが，それは3次元空間ではできない芸当ですから，一歩譲って適当な方向に運軸を追加してみたのです．

この4次元座標もどきの中にプロ野球選手の能力ベクトルを描きたいのですが，どうもうまくいきません．図を見るとわかるように，①心の得点，②技の得点と，③体の得点によってベクトルが決まってしまうのです．そして，ベクトルの先端から運軸に垂線を降したところが運の点数ですから，心と技と体の点数によって有無を言わせず運の点数が決まってしまうことになります．つまり，運の

点に自由がないのです．これでは運を採点することができません．この矛盾は4次元座標を3次元空間中に描こうとしたところに原因があります．しょせん，3次元は3次元でしかあり得ないのです．

　話が脇道へそれてしまったようです．このあたりで軌道修正をしましょう．2つの数字の組合せは平面内に長さと方向を持った矢印と同じ意味を持ち，3つの数字の組合せは空間内に長さと方向を持った矢印で表わされ，いずれもベクトルと呼ばれました．そして，4つの数字の組合せは，絵画的に書き表わせないにしても，4次元空間中に長さと方向を持った矢印で表わされるベクトルです．そして，5つの数字の組合せは5次元空間内のベクトルであり，6次元やそれ以上の次元の場合についても同様に類推できるというものです．

　ベクトルは，長さと方向を持った矢印で表わせるので，位置の移動や速度や力や電流，電圧などを象徴するのにぴったりです．したがって，昔から物理学のなかでは，当り前のことのようにベクトルがしょっちゅう使われてきました．さらに，この章で使った入社試験の成績とかプロ野球選手の能力のような，かつては自然科学の対象としては取り扱われることが少なかった事象についても，ベクトルの概念を適用して科学的処理をするようになっています．すでに述べたように，入社試験の成績やプロ野球選手の能力なども，ベクトルの概念でとらえたほうが現実の姿を正しく説明できるからです．物理的な現象を数学的に取り扱うために誕生したベクトルという小道具は，自然科学のみならず，社会科学的な現象にも広く適用される概念にまで成長したのです．

　最後に蛇足を付け加えさせていただきます．私たちは「あいつは

ベクトルの方向の合っていない努力は
有害である

よく働くのだがベクトルの方向が間違っているからなあ」という言い方をします．スポーツのチームとか，ある企業とかがはげしい競争を勝ち抜いていくためには，メンバーのひとりひとりが力いっぱい努力をすることが必要ですが，しかし，努力の方向が合っていなくてはなんにもなりません．むしろ有害ですらあります．努力ベクトルの方向を揃えることこそ肝腎というものです．

II ベクトルの演算作法

ベクトルは運び屋

 'ベクトル'とは, ラテン語で'運び屋'のことだそうです. 前の章に書いたように, ベクトルは方向と長さを持つ矢印で表わされるのですが, 矢印の長さは, 位置の移動とか力の強さとか速さとかを意味しているので, いかにも, なにかを矢印に沿った方向へ運ぶような感じがするのでしょう.

 ところで, この矢印は, いくつかの数字を組み合わせて表現することもできます. いいかえれば, 数字の組合せは方向と長さを持った矢印と同じことなので, 数字の組合せも, またベクトルと呼ばれるのでした. つまり, 東方向と北方向への移動の km 数を上段と下段に並べて書いた

$$\begin{bmatrix} -4 \\ 3 \end{bmatrix}$$

も, 数学の点数と容姿の点数を組み合わせた

$$\begin{bmatrix} 6 \\ 2 \end{bmatrix}$$

も，ベクトルであり，これらの数字の組合せは矢印で表わすこともできるのでした．同じように考えれば

$$\left.\begin{array}{ll} \text{バスト} & 84\text{cm} \\ \text{ウエスト} & 58\text{cm} \\ \text{ヒップ} & 89\text{cm} \end{array}\right\} \text{を表わす} \quad \begin{bmatrix} 84 \\ 58 \\ 89 \end{bmatrix}$$

も，また

$$\left.\begin{array}{ll} \text{打率} & 0.326 \\ \text{本塁打数} & 49 \\ \text{打点} & 119 \end{array}\right\} \text{を表わす} \quad \begin{bmatrix} 0.326 \\ 49 \\ 119 \end{bmatrix}$$

なども，ベクトルであることに同意していただけるでしょう．

ところで

$$\begin{bmatrix} -4 \\ 3 \end{bmatrix},\ \begin{bmatrix} 6 \\ 2 \end{bmatrix},\ \begin{bmatrix} 84 \\ 58 \\ 89 \end{bmatrix},\ \begin{bmatrix} 0.326 \\ 49 \\ 119 \end{bmatrix}$$

などは，いずれも，ものごとの性質や状態を表わしています．たとえば，3番目のベクトルは，女性のすばらしいプロポーションを表わしているし，4番めのベクトルはプロ野球の一流のバッターであることを表わしているように，です．つまり，数字の組合せで表現されたベクトルの中には，ものごとの性質や状態が積み込まれていて，いうなれば，ベクトルはものごとの性質や状態を担うところの'運び屋'であるのかもしれません．

しつこいようですが，いくつかの数字の組合せはベクトルです．そして，こう決めてしまった以上，数字の組合せはそのままでベク

トルであり，純粋にいえば，それを図形や絵画と結びつけて考える必要はありません．けれども，私たちの頭脳構造は抽象的なものより具象的なもののほうが理解しやすいことも事実です．で，前の章では，数字の組合せで表わされたベクトルを常に矢印で図形化して理解してきました．4次元以上のベクトルでは矢印を絵画的に描くことができないので閉口したのですが，けれども2次元のベクトルは平面上の，3次元のベクトルは空間内の矢印で具象化したほうが，はるかに'ベクトル'の概念を脳裏に定着させやすいし，こうして定着した概念は，4次元以上のベクトルをも容易に類推することを可能にします．そこで，これからも数字の組合せで表わされるベクトルは，いつも矢印の図形で裏打ちをしていこうと思います．

　数字の組合せで表わされるベクトルを矢印の図形で裏打ちするためには，数字の組合せを座標の上に標示しなければなりません．これは，すでに前の章でなんべんもやってきたことなのですが，もう少し正確に，ベクトルと座標の関係を整理しておこうと思います．

ベクトルの成分

　ベクトルは長さと方向を持った矢印です．長さと方向が決まっているのですから，矢印には始点とか終点とかがあります．図2.1に描いたベクトルではAが**始点**，Bが**終点**です．このベクトルに仮に$\vec{a}$という名前をつけてみました．aだけでは，ふつうのスカラー量と区別がつかないので，ベクトルであることを主張して矢印の冠をかぶせたのです．

　少しばかり脱線を許してください．いま，私たちのベクトルに$\vec{a}$

という名前をつけましたが，どうせ勝手に命名するのですから，たとえば $\hat{x}$ としても差支えはないし，→よりは∧のほうが簡略でもあり，左右対称で美学的にもすぐれていると思えないこともありません．けれども，数学には数学の作法があります．一般に，x とか y とかは未知の

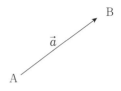

ひとり淋しく描かれたベクトル

図 2.1

ものを示すときに使われるし，$\hat{x}$ は，ある種の平均値を表わすことが多いのです．すでに素性がわかっているものを表わすには a とか b とかを使うのが数学では常識ですし，それがベクトルであることを示すには，右向きの矢印を文字の上に付けるのが数学のしきたりなのです．この本の中でも，なるべく数学の作法には従ってゆこうと思います．いたずらな反体制は自分が苦労するばかりですから……．

さて，私たちのベクトル $\vec{a}$ は図 2.1 のように長さと方向を持っています．けれども，'方向'は何らかの基準，たとえば南北とか上下とかと比較しないとうまく表現することができません．'あっち'とか'そっち'とかでは，'どっち'を向いているのかまるでわかりません．で，ベクトルの方向をきちんと表現するために，私たちが使い馴れた $x-y$ 座標の上にベクトルを描くことにします．それが図 2.2 です．こんどは，図 2.1 のベクトルが孤独な不安感を与えたのに較べて，位置と方角に安心感があります．図 2.2 に描かれた $\vec{a}$ の始点は $(x=1,\ y=2)$ で，終点は $(x=5,\ y=5)$ です．そして，$\vec{a}$ の x 軸方向の長さは4，y 軸方向の長さは3です．この，x 軸方向の長さを **$\vec{a}$ の x 成分** といい，y 軸方向の長さを $\vec{a}$

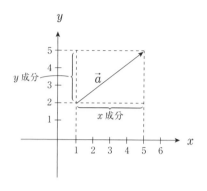

**ベクトルには
x 成分と y 成分がある**

図 2.2

の **y 成分**といいます．そして，ベクトルを矢印ではなく数字の組合せで表現するときには，x 成分と y 成分とを書き並べるのです．ベクトル $\vec{a}$ の場合は，図 2.2 からわかるように，x 成分は 4，y 成分は 3 ですから

$$\begin{bmatrix} 4 \\ 3 \end{bmatrix}$$

と書くことになります．

この場合，ふつうは x 成分を上段に，y 成分を下段に書くのですが，逆に書いても差支えはありません．前の章では意識的に，迷える小羊の場合には x 成分を上段，y 成分を下段に書き，牛を引っ張る力とかたつむりの速度の場合には x 成分を下段，y 成分を上段に書いてあります．いずれにせよ，どちらをどちらに書くかを明瞭にしておく必要があります．この本では，これから先，いつも x 成分を上段に，y 成分を下段に書くと，ここで約束をいたしましょう．

また，ベクトルを数字の組合せで表わすとき

$$\begin{pmatrix} 4 \\ 3 \end{pmatrix}$$

のように [ ] ではなく ( ) でくくることもあります．どちらでもよいのですが，( ) を使うと 4 次元以上のベクトルでは中央がふくらみすぎて，だらしなく見えるので，この本では [ ] を使うこと

にしました.なお,[ ]や( )ではなく| |を使って

$$\begin{vmatrix} 4 \\ 3 \end{vmatrix}$$

と書いてはいけません.数学の作法に真っ向から反逆することになるからです.詳しくは,後に行列と行列式の相違を説明するとき,わかっていただけるはずです.なお,高校の教科書などでは,数字を横に並べて

$$(4, 3)$$

と書くのが一般的です.こう書くことに約束すれば,4次元ベクトルでも5次元ベクトルでも1行に書けるので,紙面を有効に利用できて都合がいいのですが,この本では,ある配慮から数字を縦に並べることにしました.紙面に多くの空白ができて環境保護の精神には反するのですが,かんにんしてください.

恐縮ですが,32ページの図2.2をもういちど見てください.直角三角形の三平方の定理を応用すると

$$(\vec{a} \text{の長さ})^2 = (x \text{成分})^2 + (y \text{成分})^2$$

∴ $\vec{a}$ の長さ $= \sqrt{(x \text{成分})^2 + (y \text{成分})^2}$

ですから,私たちのベクトル

$$\begin{bmatrix} 4 \\ 3 \end{bmatrix}$$

の長さは

$$\sqrt{4^2 + 3^2} = 5$$

です.これをベクトル $\vec{a}$ の**大きさ**といいます.'長さ'というほうが,ぴったりするように思えるかもしれませんが,ベクトルを数字の組合せだけで表わすことも考慮して'大きさ'というのです.そして

もちろん，これは方向を考える必要のないスカラー量です．

マイナス・ゼロ・イチのベクトル

つぎは，図2.3を見ていただきます．$\vec{a}$は前節でお馴染みのベクトルです．そして，$\vec{a}$と平行に同じ長さでもうひとつのベクトル$\vec{b}$が描かれています．$\vec{a}$は前節に書いたように

$$\vec{a} = \begin{bmatrix} 4 \\ 3 \end{bmatrix} \quad (2.1)$$

です．いっぽう，$\vec{b}$のほうはどうでしょうか．図の目盛をかぞえていただけばわかるように，$\vec{b}$のx成分は4，$\vec{b}$のy成分は3です．ベクトルを数の組合せで表わすときには，x成分を上段に，y成分を下段に書くという約束を思い出していただくと

$$\vec{b} = \begin{bmatrix} 4 \\ 3 \end{bmatrix} \quad (2.2)$$

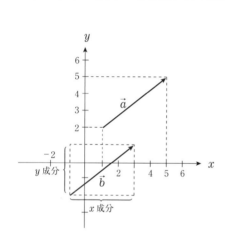

**長さと方向が等しければ
等しいベクトルである**

図 2.3

となります．この式と数行前の式(2.1)とを見較べてください．右辺どうしが同じですから

$$\vec{a} = \vec{b} \quad (2.3)$$

に決まっています．すなわち，位置は異なるけれど，長さと方向が

等しい $\vec{a}$ と $\vec{b}$ とは,ベクトルとしてはまったく同じものであるわけです.その証拠に,$\vec{a}$ と $\vec{b}$ とは図 2.3 では別物のように見えますが,数字の組合せに書き直せば

$$\begin{bmatrix} 4 \\ 3 \end{bmatrix} \quad \text{と} \quad \begin{bmatrix} 4 \\ 3 \end{bmatrix}$$

となるので,まったく区別がつかないではありませんか.もういちど書きますが,位置には関係なく「長さと方向が等しいベクトルは等しい」のです.したがって,あるベクトルを適当に平行移動して位置を変えても,ベクトルとしては少しも性質が変わりません.

ついでに,ベクトルの基本をいくつかご紹介しておきましょう.まず,ベクトルにもマイナスがあるということです.図 2.4 をごらんください.左は,すでに馴染みのベクトル $\vec{a}$ です.そして右は,$\vec{a}$ と大きさが等しく向きが正反対のベクトルで,これが $-\vec{a}$ です.この事実は直観的にも疑いをさしはさむ余地がありません.

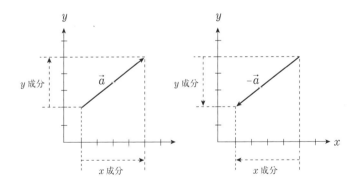

マイナスのベクトルは
大きさは同じで向きは正反対

図 2.4

ここで,私たちは反省をしなければなりません.32ページに,$\vec{a}$ の x 軸方向の長さを x 成分,y 軸方向の長さを y 成分という,と書き,さらに図2.2もそれを裏付けていました.けれども,こういう表現では $\vec{a}$ と $-\vec{a}$ とが同じになってしまいます.なぜって,$\vec{a}$ と $-\vec{a}$ とは,x 軸方向の長さも y 軸方向の長さも,長さという観点からは等しいからです.これでは困ります.そこで,$\vec{a}$ の x 成分は,$\vec{a}$ の x 軸方向の長さをベクトルの始点から終点の方向に測った長さ,同じように,y 成分は,$\vec{a}$ の y 軸方向の長さをベクトルの始点から終点の方向に測った長さと正確に表現することにしましょう.別のいい方をすれば,x 成分はベクトルの終点の x 座標から始点の x 座標を引いたもの,y 成分は終点の y 座標から始点の y 座標を引いたもの,と言っても差支えありません.

そうすると,図2.4からわかるように,$\vec{a}$ の x 成分も y 成分も,プラスの方向に目盛をかぞえるのでプラスの値ですが,これに対して $-\vec{a}$ の x 成分と y 成分は,マイナスの方向に目盛をかぞえるのですから,マイナスの値です.したがって

$$\vec{a} = \begin{bmatrix} 4 \\ 3 \end{bmatrix}$$

であれば

$$-\vec{a} = \begin{bmatrix} -4 \\ -3 \end{bmatrix}$$

です.

つぎは,ベクトルにもゼロがあるということです.ベクトルの大きさ,つまり,矢印の長さがゼロであるようなベクトルを**零ベクトル**といい

$$\vec{0}$$

で表わします．矢印の長さがゼロなので，図形的には零ベクトルは点で表わされ，また，x軸方向にもy軸方向にも長さがありませんから，x成分もy成分もゼロです．したがって

$$\vec{0} = \begin{bmatrix} 0 \\ 0 \end{bmatrix}$$

です．零ベクトルの図を描いておこうかとも思いましたが，ごくごく小さな点をひとつ描くだけでは，人をおちょくっているように受けとられかねないので，やめにしました．

最後に，方向にはお構いなく，大きさが1であるようなベクトルは**単位ベクトル**と呼ばれることを紹介して，ベクトルのいちばん基礎的な段階を終わりにいたしましょう．

ベクトルのたし算

方向と長さを持った矢印を頭に描いていただいてもよいし，2つ以上の数字の組合せを思い浮かべていただいてもよいのですが，ベクトルはものごとの性質や状態を表わしていて，そしてプラスのベクトルばかりか，マイナスやゼロのベクトルもあるのでした．ちょうど，3とか12.6とかのスカラーがある種の状態を表わしていて，プラスのスカラーばかりか，マイナスやゼロのスカラーがあるように，です．そうであれば，スカラーについてたし算，ひき算，かけ算，わり算などの演算ができるように，ベクトルについても，たし算，ひき算，かけ算，わり算などの演算ができるのではないでしょうか．

悪いくせで，すぐ脱線してしまうのですが，新しいアイデアを創り出したり，最善の策を選び出したりするために使われる技法のひとつに，ブレーン・ストーミングがあります．何人かのグループが，いっさいの権威や固定概念から脱却したなごやかな雰囲気の中で自由奔放に思いついたことを何でも口に出しあい，その中からすぐれた方策を導き出そうという技法をブレーン・ストーミングというのですが，そのとき，他人の発言から連想したり類推したりして新しいヒントを提出することが大いに推奨され，それはヒッチハイクと愛称されます．他人のアイデアにただ乗りするからでしょう．私たちもスカラーの演算にヒッチハイクして，ベクトルにも同様な演算が成りたつかどうか，調べてみようと思うのです．

まずは，たし算です．実は，前の章でベクトルのたし算を当り前のこととして使ってきたのですが，もういちど正確にベクトルのたし算の意味を認識しておくことにしましょう．図2.5を見てください．①に任意のベクトル$\vec{a}$と$\vec{b}$とが描かれています．この$\vec{a}$と$\vec{b}$とをたし合わせてやろうというのです．ここで，数ページ前に，長

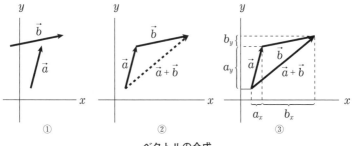

ベクトルの合成

図 2.5

さと方向が等しいベクトルは互いに等しく，したがって，あるベクトルを適当に平行移動して位置を変えてもベクトルの性質は少しも変わらない，と書いてあったのを思い出していただければ幸いです．そこで，ベクトル$\vec{b}$を平行に移動させて$\vec{b}$の始点を$\vec{a}$の終点に合わせると，②のようになります．そうすると，$\vec{a}$の始点から$\vec{b}$の終点に向かう矢印，つまり，②に破線で記入した矢印が$\vec{a}+\vec{b}$を示すことになります．なぜって，$\vec{a}$と$\vec{b}$がそれぞれ位置の移動を表わすと考えてみてください．$\vec{a}$の矢印に沿って移動し，つづいて$\vec{b}$の矢印に沿って移動すれば，結果的に，破線の矢印に沿って移動したことと同じになるではありませんか．つぎに，図 2.5 の③を見てください．$\vec{a}$のx成分をa_xとし，y成分をa_yとすれば

$$\vec{a} = \begin{bmatrix} a_x \\ a_y \end{bmatrix} \tag{2.4}$$

ですし，同様に，$\vec{b}$のx成分をb_xとし，y成分をb_yとすると

$$\vec{b} = \begin{bmatrix} b_x \\ b_y \end{bmatrix} \tag{2.5}$$

です．ここで，破線の矢印で示された$\vec{a}+\vec{b}$のx成分とy成分を調べてみると，それぞれa_x+b_xとa_y+b_yになっていますから

$$\vec{a}+\vec{b} = \begin{bmatrix} a_x + b_x \\ a_y + b_y \end{bmatrix} \tag{2.6}$$

です．したがって，式(2.4)と式(2.5)と式(2.6)から数字で表わされたベクトルのたし算の関係が

$$\begin{bmatrix} a_x \\ a_y \end{bmatrix} + \begin{bmatrix} b_x \\ b_y \end{bmatrix} = \begin{bmatrix} a_x + b_x \\ a_y + b_y \end{bmatrix}$$

であることがわかります．第1章では，断りなしにこの関係を使用

していたのですが,とりわけ疑念も湧かないくらい,たし算のこの関係は自然です.なお,ベクトルに$\vec{a}$と$\vec{b}$とを加え合わせてベクトル$\vec{a}+\vec{b}$を作ったように,2つ以上のベクトルを加え合わせて1つのベクトルにすることをベクトルの**合成**といいます.

つぎに,第1章の記述と重複してしまうのですが,ベクトルの場合にもふつうの数(スカラー)のときと同様に

$$\vec{a}+\vec{b}=\vec{b}+\vec{a} \tag{2.7}$$

の関係が成立することを確認しておきましょう.図2.6は,その説明のために描いたものです.①に描かれた2つのベクトル$\vec{a}$と$\vec{b}$をたし合わせようというのですが,ベクトルを適当に平行移動して$\vec{a}$の終点に$\vec{b}$の始点を合わせると,②のように$\vec{a}+\vec{b}$のベクトル

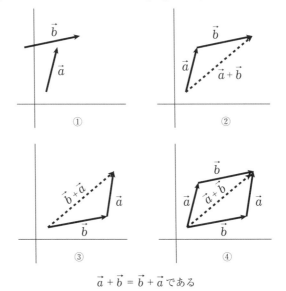

$\vec{a}+\vec{b}=\vec{b}+\vec{a}$である

図2.6

ができ上がるし，$\vec{b}$ の終点に $\vec{a}$ の始点を重ねると，③のように $\vec{b}$ + $\vec{a}$ ができ上がります．ところが，②で作った $\vec{a}$ + $\vec{b}$ と③で作った $\vec{b}$ + $\vec{a}$ とは，まったく同じベクトルです．なぜかというと，④のように平行な2つの $\vec{a}$ と2つの $\vec{b}$ とで平行四辺形を描いてみると，$\vec{a}$ + $\vec{b}$ も $\vec{b}$ + $\vec{a}$ も平行四辺形の同じ対角線になり，ぴったりと一致してしまうからです．

式(2.7)の関係

$$\vec{a} + \vec{b} = \vec{b} + \vec{a} \qquad (2.7)\text{と同じ}$$

は，図2.6のように矢印を描いた図形を使わなくても，ベクトルを数の組合せと考えて表現すれば，たやすく証明することができます．いままでと同じように $\vec{a}$ の x 成分と y 成分を a_x と a_y，$\vec{b}$ の x 成分と y 成分を b_x と b_y で表わせば

$$\vec{a} + \vec{b} = \begin{bmatrix} a_x + b_x \\ a_y + b_y \end{bmatrix}$$

ですし，いっぽう

$$\vec{b} + \vec{a} = \begin{bmatrix} b_x + a_x \\ b_y + a_y \end{bmatrix}$$

ですが，a_x, b_x, a_y, b_y はいずれもふつうの数(スカラー)ですから

$$a_x + b_x = b_x + a_x$$
$$a_y + b_y = b_y + a_y$$

であることが，すでに保証されています．したがって

$$\vec{a} + \vec{b} = \vec{b} + \vec{a} \qquad (2.7)\text{と同じ}$$

なのです．この関係は，加え合わせる順序を交換してもよいというので，**交換法則**といわれ，ふつうの数についても，集合についても，論理についても成立するのですが，*ベクトルの場合にも成立

することが証明された次第です．こんなことは当り前だと鼻先で笑わないでください．数や集合や論理やベクトル以外では，万事がこうなるとは限らないのです．衣服を脱いでからフロに入るのと，フロに入ってから衣服を脱ぐのでは結果が大ちがいですし，結婚してから赤ちゃんを生むのと，赤ちゃんを生んでから結婚するのとでは，実生活上の意味がだいぶ違うではありませんか．

加法(たし算)についての法則で交換法則と並び称されるものに**結合法則**があります．ふつうの数で書けば

$$(a + b) + c = a + (b + c)$$

であり，集合や論理の場合にも成立するのですが，ベクトルの場合にもこの法則が成立します．つまり

$$(\vec{a} + \vec{b}) + \vec{c} = \vec{a} + (\vec{b} + \vec{c}) \tag{2.8}$$

であり，結合の順序を変えてもよいというので，結合法則と呼ばれるのでしょう．図2.7を見ていただければ，この法則が成立していることを幾何学的に確認することができます．①に描かれた$\vec{a}$と$\vec{b}$

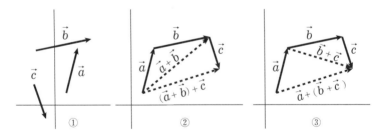

$(\vec{a} + \vec{b}) + \vec{c} = \vec{a} + (\vec{b} + \vec{c})$である

図 2.7

---

* 数，集合，論理，ベクトル，行列の演算法則の一覧表を242〜243ページの付録に載せてあります．

と $\vec{c}$ を使って式(2.8)の性質を確認しようというのです．②では，$\vec{a}$ と $\vec{b}$ とでまず $\vec{a}+\vec{b}$ を作り，それに $\vec{c}$ を加えて $(\vec{a}+\vec{b})+\vec{c}$ を描いていますが，③では，あらかじめ作っておいた $\vec{b}+\vec{c}$ を $\vec{a}$ に加えて $\vec{a}+(\vec{b}+\vec{c})$ を描いています．②と③とでは $\vec{a}$ どうし，$\vec{b}$ どうし，$\vec{c}$ どうしが平行で長さも等しいのですから，②と③とは幾何学的にまったく等しい図形です．したがって

$$(\vec{a}+\vec{b})+\vec{c}=\vec{a}+(\vec{b}+\vec{c}) \qquad (2.8)と同じ$$

であることが明らかです．この関係はもちろん，ベクトルを数の組合せで表現しても，容易に証明することができます．2ページほど前で，式(2.7)を証明したのと同じ要領で各人が試みていただけませんか．

この節では，ベクトルのたし算の意味を確認しながら

$$\vec{a}+\vec{b}=\vec{b}+\vec{a} \qquad (交換法則) \quad (2.7)と同じ$$
$$(\vec{a}+\vec{b})+\vec{c}=\vec{a}+(\vec{b}+\vec{c}) \qquad (結合法則) \quad (2.8)と同じ$$

が成立することを，ご紹介しました．固い話ばかりで，すみません．

ベクトルのひき算

たし算のつぎは，ひき算と相場が決まっています．なぜ相場が決まっているかというと，ひき算はたし算の逆操作なので，たし算のつぎに説明するのが都合がいいからです．そこで，この節ではベクトルのひき算に話を進めます．

まず，ふつうの数の場合，2つの数のひき算がどのような意味であったかを思い出していただきましょう．ふつうの数の場合，a から b を引くことと a に $(-b)$ を加えることとは同じです．すなわち

$$a-b=a+(-b)$$

です．私たちは，ふつうの数について成立する演算の仕組みにヒッチハイクしてベクトルの演算を調べているのですから，ベクトルの場合にも

$$\vec{a} - \vec{b} = \vec{a} + (-\vec{b}) \tag{2.9}$$

が，きっと成立するだろうと勝手に仮定をしてみます．

図2.8の①に2つのベクトル$\vec{a}$と$\vec{b}$が描かれています．$\vec{a}$から$\vec{b}$を引きたいのですが，このままではひき算の手掛りがありません．で，②のように$\vec{b}$と大きさが同じで向きが正反対のベクトル$-\vec{b}$を登場させます．そして$\vec{a}$と$-\vec{b}$とをたし合わせて$\vec{a} + (-\vec{b})$を作り，これを$\vec{a} - \vec{b}$とみなしてやろうという魂胆です．③がその結果です．$\vec{a}$に$-\vec{b}$を加えて破線の矢印のような$\vec{a} - \vec{b}$になりました．

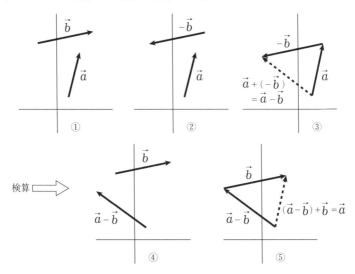

ベクトルのひき算とその検算

図2.8

II ベクトルの演算作法

　私たちは，ふつうの数の演算法則にヒッチハイクしてベクトルのひき算を実行してみたのですから，この破線の矢印が $\vec{a} - \vec{b}$ を表わしていることに間違いはないと思うのですが，念のために検算をしてみることにします．私たちが作り出した $\vec{a} - \vec{b}$ に $\vec{b}$ を加えてみましょう．その結果，元の $\vec{a}$ に戻れば私たちのひき算が正しかったことの裏付けになろうというものです．図の④と⑤が検算の過程を示しています．⑤では，$\vec{a} - \vec{b}$ に $\vec{b}$ を加えているのですが，その結果でき上がった $\vec{a}$ は，①～③の $\vec{a}$ とまったく同じものです．なぜかって？　③と⑤とを較べてみれば，⑤の $\vec{a} - \vec{b}$ は③の $\vec{a} - \vec{b}$ をそのまま移植したものですし，⑤の $\vec{b}$ は③の $-\vec{b}$ と向きこそ正反対ですが，長さも傾きもまったく同じですから，⑤の $\vec{a}$ は③の $\vec{a}$ とぴったんこ，に決まっています．かくして，ベクトルのひき算を実行するときには，ふつうの数と同じように

$$\vec{a} - \vec{b} = \vec{a} + (-\vec{b}) \quad (2.9)$$

と同じの関係を利用すればよいことが確実となりました．

　数字の組合せでベクトルを表わしているときでも同じです．たとえば

$$\begin{bmatrix} 5 \\ 3 \end{bmatrix} - \begin{bmatrix} 2 \\ -1 \end{bmatrix} = \begin{bmatrix} 5 \\ 3 \end{bmatrix} + \begin{bmatrix} -2 \\ 1 \end{bmatrix} = \begin{bmatrix} 5-2 \\ 3+1 \end{bmatrix} = \begin{bmatrix} 3 \\ 4 \end{bmatrix}$$

というぐあいなのですが，数字のひき算には私たちは熟練していますから，いきなりひき算を実行して

$$\begin{bmatrix} 5 \\ 3 \end{bmatrix} - \begin{bmatrix} 2 \\ -1 \end{bmatrix} = \begin{bmatrix} 5-2 \\ 3-(-1) \end{bmatrix} = \begin{bmatrix} 3 \\ 4 \end{bmatrix}$$

とやってしまうほうが，わかりやすいかもしれません．

　数字の組合せで表わされたベクトルのひき算を，2次元ベクトル

について一般的に書けば

$$\vec{a} - \vec{b} = \begin{bmatrix} a_x \\ a_y \end{bmatrix} - \begin{bmatrix} b_x \\ b_y \end{bmatrix} = \begin{bmatrix} a_x - b_x \\ a_y - b_y \end{bmatrix} \quad (2.10)$$

であることは，いまの一例からも容易に合点がいくと思います．

　前の節とこの節とで，ベクトルのたし算とひき算の仕組みを調べてみました．いずれも，たいしたことはなく，いささか退屈されたかもしれません．そして，矢印や数字の組合せで表わされるベクトルのたし算やひき算が説明のとおりであることは了解するけれど，いったい現実問題として，ベクトルのたし算やひき算にどのような現象的な意味があるのかと，やや不満に思われるムキもあるかもしれません．そこで，しつこいようですが，もういちど，具体的な例題にたし算とひき算を使ってみようと思います．

生活費ベクトルの計算

　ベクトルのたし算については，第１章ですでにいくつもの例を消化してきました．迷える小羊や小ひばりが，つぎつぎと位置を移動してゆくとき，各段階の移動には方向と大きさがあるから，それをベクトルとして取り扱えば，各段階の移動を積み重ねた結果はベクトルのたし算で計算されるのでした．また，引っ張る力には方向と大きさがあるから，ベクトルで表わすのに適していて，牛を２つの方向から同時に引っ張ると，牛にかかる力は２つのベクトルを加え合わせたベクトルで示されるのでした．さらにまた，速度にも方向と大きさがあって，これはまさしくベクトルだから，船とかたつむりの２つの速度の重ね合せを，ベクトルのたし算として処理したの

エンゲルの法則

でした．

　位置の移動や，力や速度は，ベクトルとして取り扱うには最適の材料です．けれども，私たちはベクトルをもっと応用範囲の広い概念に昇華させているのですから，ふつうはベクトルとして意識されていない他の例題を対象に採り上げてみようと思います．ドイツの統計学者E・エンゲル*は，ベルギーの労働者の家計を分析して

　　飲食費が占める割合　　　　　　　は　高所得者ほど小さい
　　教育費・娯楽・衛生費が占める割合　は　高所得者ほど大きい
　　住居・被服・光熱費が占める割合　　は　ほぼ一定である

という法則を発見しました．これをエンゲルの法則といい，とくに，飲食費が家計の中に占める割合はエンゲル係数と呼ばれて，生活の豊かさを表わすバロメータとして使われることは，ご承知のとおりです．そこで，私めの家庭の家計簿を分析して，私の生活にい

---

* Ernst Engel（1821 〜 1896），ドイツの統計学者．エンゲルの法則を1857年に発表しました．

かにゆとりがないかをお目にかけようと思います．

$$1月の生活費\begin{cases} 飲食費 & 9万円 \\ 教育費等 & 7万円 \\ 住居費等 & 9万円 \end{cases}$$

これは数字の組合せですからベクトルと考えることができ

$$\begin{bmatrix} 9 \\ 7 \\ 9 \end{bmatrix}$$

というスタイルで表わされます．家族の人数が多いほど，また豊かなほど，このベクトルを表わす矢印は長くなるでしょう．そして，エンゲルの法則によれば，豊かなほど矢印は教育費等の軸に近寄り，そしてくやしいことに，貧しいほど飲食費の軸のほうへ近づくことはもちろんです．

さて，同時に2月の生活費ベクトルが

$$2月のベクトル：\begin{bmatrix} 8 \\ 4 \\ 6 \end{bmatrix}$$

であったとしましょう．1月と較べてがっくりと収入が減ってしまったのですが，食費は1月だって決してぜいたくをしていたのではありませんから，節約するにも限度があります．で，仕方がないから教育・娯楽費をかなり削り，住居・被服費もせいいっぱい我慢をして辻褄を合わせました．そのため，ちょっと計算してみればわかるように，エンゲル係数は36%から44%へと急上昇しています．

ところで，1月と2月を通算したときの生活費のベクトルはどうなるでしょうか．もちろん

$$\begin{bmatrix} 9 \\ 7 \\ 9 \end{bmatrix} + \begin{bmatrix} 8 \\ 4 \\ 6 \end{bmatrix} = \begin{bmatrix} 17 \\ 11 \\ 15 \end{bmatrix}$$

です．また，1月と2月を通算したときの生活費ベクトルと2月の生活費ベクトルがわかっていれば，1月の生活費ベクトルは

$$\begin{bmatrix} 17 \\ 11 \\ 15 \end{bmatrix} - \begin{bmatrix} 8 \\ 4 \\ 6 \end{bmatrix} = \begin{bmatrix} 9 \\ 7 \\ 9 \end{bmatrix}$$

として容易に求めることができます．

この計算を振り返ってみると，ベクトルのたし算とひき算が，演算のテクニックからみても，現象的な意味あいからみても，まったく，ふつうの数のたし算やひき算と同じように処理されていることがわかります．いくつかの数を組み合わせたベクトルも，たし算とひき算の範囲では，ふつうの数と同様に気楽に取り扱うことができるのです．

ベクトル × スカラー

たし算，ひき算のつぎはかけ算と相場が決まっています．ふつうの数なら，同じ数のたし算をなんべんも繰り返す操作を一挙にやってのけるのが，かけ算だからです．ベクトルにも同様なかけ算があります．「ベクトルのかけ算も同様です」と言いたいところですが，残念ながらそうは言えません．ベクトルには同様でないかけ算もあるからです．この節では同様なほうのかけ算をご紹介し，同様でな

いほうのかけ算はつぎの節に回します．

ふつうの数の場合と同様なかけ算は簡単です．たとえば，毎月の生活費ベクトルが，いつも

$$\begin{bmatrix} 8 \\ 4 \\ 6 \end{bmatrix}$$

であれば，6カ月分の生活費ベクトルは

$$\begin{bmatrix} 8 \\ 4 \\ 6 \end{bmatrix} + \begin{bmatrix} 8 \\ 4 \\ 6 \end{bmatrix} + \begin{bmatrix} 8 \\ 4 \\ 6 \end{bmatrix} + \begin{bmatrix} 8 \\ 4 \\ 6 \end{bmatrix} + \begin{bmatrix} 8 \\ 4 \\ 6 \end{bmatrix} + \begin{bmatrix} 8 \\ 4 \\ 6 \end{bmatrix} = \begin{bmatrix} 48 \\ 24 \\ 36 \end{bmatrix}$$

ですが，これをふつうの数の場合と同じように

$$6 \times \begin{bmatrix} 8 \\ 4 \\ 6 \end{bmatrix} = \begin{bmatrix} 48 \\ 24 \\ 36 \end{bmatrix}$$

と一挙に処理してしまうだけの話です．一般的に書けば，$\vec{a}$ が2次元ベクトルで，その成分が a_x と a_y であるとき，それにスカラー n をかけると

$$n\vec{a} = n \begin{bmatrix} a_x \\ a_y \end{bmatrix} = \begin{bmatrix} na_x \\ na_y \end{bmatrix} \tag{2.11}$$

ですし，$\vec{a}$ が3次元ベクトルで，成分が a_x, a_y, a_z なら

$$n\vec{a} = n \begin{bmatrix} a_x \\ a_y \\ a_z \end{bmatrix} = \begin{bmatrix} na_x \\ na_y \\ na_z \end{bmatrix}$$

となるし，4次元以上でも同じことです．つまり，ベクトルにスカラーをかけるには，ベクトルの各成分に一斉にスカラーをかけてや

ればよいわけです.

ベクトルが矢印で表わされていても理屈は同じです. たとえば, ベクトル $\vec{a}$ に 2 をかけた $2\vec{a}$ は, $\vec{a}$ と方向が同じで大きさが 2 倍のベクトルになります. なぜそんなことが言えるのかといぶかる方は, 図 2.9 を見てください. $\vec{a}$ の x 成分は a_x で, y 成分は a_y です. $\vec{a}$ を 2 倍すると, x 成分も y 成分も一斉に 2 倍になるのですから, $2\vec{a}$ の

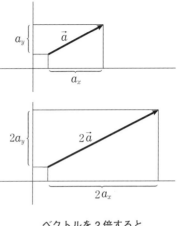

ベクトルを 2 倍すると

図 2.9

ベクトルは $\vec{a}$ と方向がぴったり同じで, 長さは 2 倍になるに決まっています.

同じ理屈で, $\vec{a}$ に 3 をかけると, $\vec{a}$ と方向が同じで大きさが 3 倍の $3\vec{a}$ になり, $\vec{a}$ に 1/2 をかけると, 方向は $\vec{a}$ と同じで長さが 1/2 になります. また, $\vec{a}$ に -1 をかけると, すでに 35 ページでも紹介したように $\vec{a}$ と逆方向に向いた $-\vec{a}$ に, $\vec{a}$ に -2 をかければ, $\vec{a}$ と逆向きで大きさが 2 倍の $-2\vec{a}$ になろうというものです. 図 2.10 は, それを図示したものですが, いずれも, たいしてむずかしい話ではありません. そしてまた, $\vec{a}$ にゼロをかけると零ベクトル $\vec{0}$ になり, 矢印は点になってしまうこともお察しのとおりです.

さて, ベクトルのたし算の場合には, ふつうの数と同様に

$$\vec{a} + \vec{b} = \vec{b} + \vec{a} \qquad (交換法則) \quad (2.7)と同じ$$

$$(\vec{a} + \vec{b}) + \vec{c} = \vec{a} + (\vec{b} + \vec{c}) \qquad (結合法則) \quad (2.8)と同じ$$

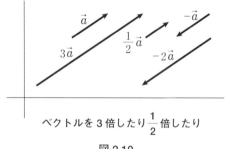

図 2.10

が成立するのでしたが，ベクトルとスカラーのかけ算の場合にも似たような法則が成立します．まず，n をスカラーとすれば

$$n\vec{a} = \vec{a}n \quad \text{(交換法則)} \tag{2.12}$$

です．$n\vec{a}$ も $\vec{a}n$ も，$\vec{a}$ を n 個だけ加え合わせることにすぎないからです．かけ合わせる順序を交換してもよいというので，この関係も**交換法則**と呼ばれるのですが，式(2.7)と区別したいときには式(2.7)のほうを加法の交換法則，式(2.12)のほうを乗法の交換法則と呼べばよいでしょう．ここで，またまた当り前のことを大仰に……と非難しないでくださいな．世の中のことがらには，順序を交換したらたいへん，という場合も少なくありません．前にも書いたように，衣服を脱いでからフロへ入るのと，フロへ入ってから衣服を脱ぐのでは大ちがいですし，間もなく交換法則が成り立たないかけ算もご紹介しなければならないのですから……．

つぎに，m と n をスカラーとすると

$$m(n\vec{a}) = (mn)\vec{a} \quad \text{(結合法則)} \tag{2.13}$$

も成立し，結合の順序を変えてもよいという意味で**結合法則**と呼ばれます．この証明は，わけはありません．かりに $\vec{a}$ を 2 次元のベクトルとして，その成分を a_x，a_y とすると，式(2.13)の左辺と右

II ベクトルの演算作法

辺はそれぞれ

$$m(n\vec{a}) = m\left\{n\begin{bmatrix}a_x\\a_y\end{bmatrix}\right\} = m\begin{bmatrix}na_x\\na_y\end{bmatrix} = \begin{bmatrix}mna_x\\mna_y\end{bmatrix}$$

$$(mn)\vec{a} = mn\begin{bmatrix}a_x\\a_y\end{bmatrix} = \begin{bmatrix}mna_x\\mna_y\end{bmatrix}$$

で，ぴったりと同じになるのですから．

　かけ算の場合には，つづいてもうひとつ，**分配法則**というものがあります．ふつうの数の場合には

$$a(b + c) = ab + ac$$

が成立しますが，かけ合わされる a がたし合わされる b と c とに分配されているので，この名があるのでしょう．ベクトルとスカラーのかけ算でも，同様の法則が成立します．ただし，ベクトルとスカラーの組合せがあるのでちと複雑です．まず，たし合わせるほうがベクトルの場合には

$$m(\vec{a} + \vec{b}) = m\vec{a} + m\vec{b} \tag{2.14}$$

となります．証明は少しもむずかしくありません．かりに $\vec{a}$ も $\vec{b}$ も2次元のベクトルとし，その成分を a_x, a_y および b_x, b_y とすれば，式(2.6)や式(2.10)あたりの知識やスカラーどうしの分配法則を総動員して，左辺は

$$\begin{aligned}m(\vec{a} + \vec{b}) &= m\left\{\begin{bmatrix}a_x\\a_y\end{bmatrix} + \begin{bmatrix}b_x\\b_y\end{bmatrix}\right\}\\ &= m\begin{bmatrix}a_x + b_x\\a_y + b_y\end{bmatrix} = \begin{bmatrix}m(a_x+b_x)\\m(a_y+b_y)\end{bmatrix}\\ &= \begin{bmatrix}ma_x+mb_x\\ma_y+mb_y\end{bmatrix}\end{aligned}$$

になりますし，いっぽう右辺は

$$m\vec{a} + m\vec{b} = m\begin{bmatrix} a_x \\ a_y \end{bmatrix} + m\begin{bmatrix} b_x \\ b_y \end{bmatrix}$$
$$= \begin{bmatrix} ma_x \\ ma_y \end{bmatrix} + \begin{bmatrix} mb_x \\ mb_y \end{bmatrix} = \begin{bmatrix} ma_x + mb_x \\ ma_y + mb_y \end{bmatrix}$$

ですから，式(2.14)の左辺と右辺とはぴったんこ，です．

つぎに，かけ合わせるほうがベクトルで，たし合わせるほうがスカラーの場合にも

$$\vec{a}(m + n) = m\vec{a} + n\vec{a} \tag{2.15}$$

の関係が成立し，これも分配法則です．この証明は簡単ですから，各人で確かめてください．

だいぶごみごみしました．ベクトルとスカラーの演算法則を整理しておきましょう．

$n\vec{a} = \vec{a}n$	（交換法則）	(2.12)と同じ
$m(n\vec{a}) = (mn)\vec{a}$	（結合法則）	(2.13)と同じ
$m(\vec{a} + \vec{b}) = m\vec{a} + m\vec{b}$	（分配法則）	(2.14)と同じ
$\vec{a}(m + n) = m\vec{a} + n\vec{a}$		(2.15)と同じ

ベクトル × ベクトル

ベクトルは，ふつうの数のように大きさだけを持っているのではなく，方向をも併せ持っているのですが，しかし，見てください．スカラーとのかけ算については，数行前の式(2.12)～式(2.15)のように，そして，ベクトルどうしのたし算については40，42ページの式(2.7)，式(2.8)のように，ふつうの数とまったく同様に演算す

ることができます．ベクトルに対する親近感がぐっと湧いてくるではありませんか．ところが，好事魔多し，のたとえどおり，よいことばかりが続きはしないのです．前節のはじめに書いたように，ベクトルのかけ算にはふつうの数のようにはいかないヤツがあるので，参ってしまいます．

　前節では，ベクトルにスカラーをかけたのでした．スカラーはふつうの数ですから，ベクトルをなんべんも加え合わせる操作を一挙にやってのけるのがベクトルのスカラー倍であり，ふつうの数のかけ算と同じ感覚で理解できるので始末がよかったのです．では，ベクトルにベクトルをかけたらどうなるでしょうか．ベクトルは方向と大きさを持った矢印で表現されたり，数字の組合せで表わされたりするのですが，ベクトル倍するとは，いったいどういうことなのでしょうか．ひとすじ縄ではいきそうもない，いやな予感がします．

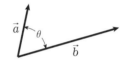

θ の角をなす2つのベクトル

図 2.11

　まず，結論から書きましょう．図 2.11 のような 2 つのベクトル $\vec{a}$ と $\vec{b}$ があるとします．2 つのベクトルの始点が同じである必要はないのですが，ベクトルは，どこへでも平行移動できますから，どちらかのベクトルを平行移動させて始点を一致させた図だと思ってください．そして，2 つのベクトルが作る角を θ としましょう．このとき，$\vec{a}$ と $\vec{b}$ とをかけ合わせた積は

　　　$(\vec{a}\,の大きさ) \times (\vec{b}\,の大きさ) \times \cos\theta$

で表わされます．ふつうは

　　　$\vec{a}$ の大きさ　つまり　$\vec{a}$ の矢印の長さ　を　$|\vec{a}|$

$\vec{b}$ の大きさ つまり $\vec{b}$ の矢印の長さ を $|\vec{b}|$ と書きますから，$\vec{a}$ と $\vec{b}$ との積は

$$|\vec{a}||\vec{b}|\cos\theta$$

ということになります．そして，$\vec{a}$ と $\vec{b}$ との積は

$$\vec{a}\cdot\vec{b} \quad または \quad (\vec{a}, \vec{b})$$

と書く約束になっていますから，結局

$$\vec{a}\cdot\vec{b} = |\vec{a}||\vec{b}|\cos\theta \tag{2.16}$$

です．ここで，$|\vec{a}|$ も $|\vec{b}|$ も $\cos\theta$ もスカラーですから，これらをかけ合せた値もスカラーです．ベクトルとベクトルをかけ合わせるとスカラーになってしまうところが，このかけ算の特徴です．これがベクトルどうしのかけ算なのですが，実はベクトルどうしのかけ算にはもう一種類ありますので，それと区別をする必要があります．式(2.16)で表わされるベクトルの積を**内積**と呼びます．内積があるのだから他に外積があるのだなと勘づかれた方は血のめぐりのよい方で，まさにそのとおりなのですが，外積のほうはあとまわしにして，内積の話をつづけます．

$\vec{a}$ の成分を a_x と a_y，$\vec{b}$ の成分を b_x と b_y とすると，ずっと前の図2.2を見ていただくまでもなく

$$|\vec{a}| = \sqrt{a_x^2 + a_y^2}$$
$$|\vec{b}| = \sqrt{b_x^2 + b_y^2}$$

ですから，式(2.16)は

$$\vec{a}\cdot\vec{b} = \sqrt{a_x^2 + a_y^2}\sqrt{b_x^2 + b_y^2}\cos\theta \tag{2.17}$$

と書き直すことができます．

高校の数学の教科書やベクトルの参考書では，どういうわけか，ここまでしか書いてないことがあります．式(2.16)や式(2.17)がベ

クトルの内積の意味を比較的うまく表わしているからかもしれませんが，式の形だけからいえば，もっと簡単でスマートな表わし方があります．それは

$$\vec{a} \cdot \vec{b} = a_x b_x + a_y b_y \tag{2.18}$$

です．式(2.17)がどうしてこんなに簡単になってしまうのか，たいしてむずかしくありませんから，いっしょに追跡してみましょう．

図 2.12 のように，$\vec{a}$ が x 軸となす角を α，$\vec{b}$ が x 軸となす角を β とすると

$$\theta = \alpha - \beta$$

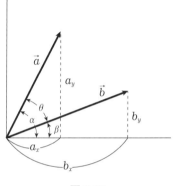

図 2.12

ですから

$$\cos \theta = \cos(\alpha - \beta) = \cos \alpha \, \cos \beta + \sin \alpha \, \sin \beta\,^{*}$$

$$= \frac{a_x}{\sqrt{a_x^2 + a_y^2}} \frac{b_x}{\sqrt{b_x^2 + b_y^2}} + \frac{a_y}{\sqrt{a_x^2 + a_y^2}} \frac{b_y}{\sqrt{b_x^2 + b_y^2}}$$

$$= \frac{a_x b_x + a_y b_y}{\sqrt{a_x^2 + a_y^2} \sqrt{b_x^2 + b_y^2}}$$

です．この関係を式(2.17)に代入してみてください．ただちに

$$\vec{a} \cdot \vec{b} = \sqrt{a_x^2 + a_y^2} \sqrt{b_x^2 + b_y^2} \cdot \frac{a_x b_x + a_y b_y}{\sqrt{a_x^2 + a_y^2} \sqrt{b_x^2 + b_y^2}}$$

$$= a_x b_x + a_y b_y$$

---

* 三角関数の計算については，『関数のはなし【改訂版】(下)』などを参考にしてください．

が得られるではありませんか．

これで，ベクトルの内積の定義は終りです．ベクトルを矢印として取り扱っているときには

$$\vec{a} \cdot \vec{b} = |\vec{a}||\vec{b}|\cos\theta \qquad (2.16)と同じ$$

と覚えておき，ベクトルを数字の組合せとして扱っているなら

$$\begin{bmatrix} a_x \\ a_y \end{bmatrix} \cdot \begin{bmatrix} b_x \\ b_y \end{bmatrix} = a_x b_x + a_y b_y \qquad (2.19)$$

$$\begin{bmatrix} a_x \\ a_y \\ a_z \end{bmatrix} \cdot \begin{bmatrix} b_x \\ b_y \\ b_z \end{bmatrix} = a_x b_x + a_y b_y + a_z b_z \qquad (2.20)$$

のように覚えておくのも一案でしょう．

なお，一方のベクトルが零ベクトルの場合には，2つのベクトルが作る角度が存在しないのですが

$$\vec{a} \cdot \vec{0} = 0, \quad \vec{0} \cdot \vec{b} = 0$$

のように，$\vec{0}$をかければゼロになると決めておきましょう．$\vec{0}$の成分はすべてゼロなので，数字の組合せで書けば

$$\vec{a} \cdot \vec{0} = \begin{bmatrix} a_x \\ a_y \end{bmatrix} \cdot \begin{bmatrix} 0 \\ 0 \end{bmatrix} = a_x \cdot 0 + a_y \cdot 0 = 0$$

なのですから……．

そして，$\vec{a} = \vec{b}$のときは，$\cos\theta = \cos 0 = 1$ですから

$$\vec{a} \cdot \vec{a} = |\vec{a}|^2$$

となり，これを平方に開くと

$$|\vec{a}| = \sqrt{\vec{a} \cdot \vec{a}} \qquad (2.21)$$

というおもしろい関係が現われます．同一のベクトルどうしの内積を$\sqrt{}$に開くと，$\vec{a}$の大きさになってしまうのです．$\vec{a}$の大きさを表

わす｜$\vec{a}$｜は，$\vec{a}$の**ノルム**と名づけられています．

あさってのかけ算

2つのベクトルの内積は
$$\vec{a} \cdot \vec{b} = |\vec{a}||\vec{b}|\cos\theta \qquad (2.16)$$
と同じで定義されているのですが，2つのベクトルの大きさどうしをかけ合わせ，さらに2つのベクトルが作る角のcosをかけたものは，いったい，なんでしょうか．現象的に，あるいは物理的に，どのような意味を持っているのでしょうか．ベクトルで表わすのに適した'力'と'位置の移動'を題材にして，内積の意味を見つめてみようと思います．

'仕事'という言葉があります．広い意味では人間の積極的な活動を総称していますが，物理学ではもう少しきちんとその意味を決めています．すなわち，力を使って物体を移動させたとき，その力の大きさと移動した距離とをかけ合わせたものが'仕事'です．はやい話が，3kgの物体を5mの高さまで持ち上げるときの仕事は15kg・mです．3kgの物体を持ち上げるには，ごくゆっくりと静かに持ち上げるにしても3kgの力を使う必要があり，3kgの力を作用させながら物体を5mだけ移動させなければならないからです．その物体は15kg・mの仕事をされた結果，15kg・mのエネルギーを位置のエネルギーとして貯えたわけで，もしもその高さからその物体を落とせば，位置のエネルギーは速度のエネルギーに変わって地面に激突し，速度のエネルギーは物体を変形したり破壊したりするエネルギーとして消費されることになります．3kgの

物体を5mだけ持ち上げる'仕事'が15kg・m, 同じ3kgの物体を2倍の10mまで持ち上げると仕事も2倍になって30kg・m, また, 物体の重さを2倍にして6kgとすれば, 5mまで持ち上げるのに30kg・mの仕事が必要で, 6kgを10mまで持ち上げるなら60kg・mの仕事が必要と, なるほど合理的にできています.

図 2.13

ここまでは, まっすぐ上方への力を作用させて, 物体を上方へ持ち上げることを考えてきたのですが, 力を斜上方へ作用させながら物体をまっすぐ上方へ持ち上げたらどうなるでしょうか. 実際には, 物体に斜上方への力を加えると物体は斜上方へ持ち上がってしまうので, 図2.13のように物体を案内棒で上下方向にしか移動できないように拘束しておき, 力をそっぽの方向に作用させる場合を想定してみるのです.

物体に作用する力と物体の移動方向とが等しくないことは, 現実にいくらでもあります. たとえばレーピン*が描いた有名な絵「ヴォルガの舟曳き」では, ヴォルガ河を逆上る舟を岸辺に沿って曳く労働者たちの姿をドラマチックに描いていますが, 労働者たちは河の中に入るわけにはいかないので, 河の中を進む舟の進行方向とはいくらかずれた方向から舟を曳くことになります. したがって, 舟に作用する力の方向と舟の移動方向とは等しくありません.

---

* I. E. Repin(1844 ～ 1930), ロシアの画家.

いまかりに，移動ベクトル$\vec{x}$と力ベクトル$\vec{f}$とが，図2.14の①のようにθの角度を持っているとしましょう．力ベクトル$\vec{f}$のうち物体を移動させることに貢献している成分は

$|\vec{f}|\cos\theta$

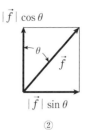

力がそっぽから作用するとき仕事の大きさはどうなるか

図2.14

だけです．なぜかというと，力ベクトル$\vec{f}$は，②のように移動方向の成分$|\vec{f}|\cos\theta$と移動方向に直角な成分$|\vec{f}|\sin\theta$とに分解されますが，*このうち，移動方向に直角な成分は物体を案内棒に押しつける作用をするだけで，物体を移動させる作用はまったくないからです．いっぽう，移動ベクトルは$\vec{x}$ですから，移動した距離は$|\vec{x}|$です．ここで，力を使って物体を移動させたとき，その力の大きさと移動の距離をかけ合わせたものが'仕事'であったことを思い出していただくと，$\vec{f}$の力で$\vec{x}$だけ移動させたときの仕事は

$$仕事 = |\vec{x}||\vec{f}|\cos\theta$$

であり，ベクトルの内積の式(2.16)によって

$$|\vec{x}||\vec{f}|\cos\theta = \vec{x}\cdot\vec{f}$$

ですから

$$仕事 = \vec{x}\cdot\vec{f}$$

であることを表わしています．

＊ ベクトルの分解は，ベクトルの合成の逆なのですが，詳しくは67ページを見てください．

つまり，こういうことです．ふつうの数だけを使って言えば，f の力を作用させてその方向に x だけ移動させたときの仕事は

　　　仕事 $= xf$

なのですが，ベクトルを使って書けば，力と移動の方向が一致していればもちろんのこと，あさっての方向の場合でも

　　　仕事 $= \vec{x} \cdot \vec{f}$

で表わせるわけです．ベクトルの内積は，ふつうの数の積とよく似た性質を持ち，ふつうの数よりも広い応用範囲を誇っていると言えるでしょう．

もうひとつのベクトル × ベクトル

　ベクトル $\vec{a}$ と $\vec{b}$ の内積は

　　　$\vec{a} \cdot \vec{b} = |\vec{a}||\vec{b}| \cos \theta$　　　　　　　　(2.16)と同じ

で定義され，これは，ふつうの数とよく似た性質を持つばかりか，ふつうの数よりも広い応用範囲を誇っていると書いてきました．確かにそのとおりです．けれども，ひとつ不満があるのです．ベクトルとベクトルをかけ合わせるとスカラーになってしまうところが，どうも気に入りません．実数と実数をかければ実数になるし，複素数と複素数* をかければ一部の例外を除いて複素数になります．ベクトルとベクトルをかけるとスカラーになってしまうのは，何となくベクトルの社会に対する反逆のように思えるではありませんか．ベクトルとベクトルをかけるとベクトルになるような演算こそ，ベクトルに社会での市民権が与えられてよさそうなものです．

　そういうわけで，ベクトルの内積に対してベクトルの**外積**があり

ます．ベクトルの内積が

$$\vec{a} \cdot \vec{b} \quad \text{または} \quad (\vec{a}, \vec{b})$$

と書くのに対して，ベクトルの外積は

$$\vec{a} \times \vec{b} \quad \text{または} \quad [\vec{a}, \vec{b}]$$

と書いて表わします．よく似ていますが内容はだいぶちがうので，ご注意ください．

ベクトル $\vec{a}$ と $\vec{b}$ の外積はベクトルであり，その方向は $\vec{a}$ と $\vec{b}$ とが作る平面に垂直で，図2.15の①のように $\vec{b}$ が $\vec{a}$ よりも時計の針が進む方向にあれば，$\vec{a} \times \vec{b}$ のベクトルは時計の文字盤の裏面へ突き出す方向に，②のように $\vec{b}$ が $\vec{a}$ より針の進行と反対の方向にあれば，$\vec{a} \times \vec{b}$ のベクトルは文字盤の前面へとび出す方向に向いています．いいかえれば，$\vec{a} \times \vec{b}$ のベクトルは，$\vec{a}$ から $\vec{b}$ の方向に回された右ねじの進行方向に向いていることになります．そして，$\vec{a} \times \vec{b}$ のベクトルの大きさは，$\vec{a}$ と $\vec{b}$ とが作る角度を θ とすると

$$|\vec{a}||\vec{b}|\sin\theta$$

---

* ふつうの数(実数)は2乗すると必ずプラスの値になります．これに対して，2乗するとマイナスの値になるような数を虚数といいます．現実には存在しない虚構の数なので虚数というのでしょう．そして，実数と虚数が加え合わされた数を**複素数**といい

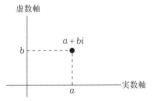

ます．2乗すると－1になるような数を i とし，a と b とを実数とすると，複素数は $a + bi$ の形に書かれ，これは横軸に実数，縦軸に虚数をとった座標上の一点として表わすことができます．複素数は物理学や電子，流れ，熱などに関する応用工学の中で盛んに活躍し，平面座標上の一点として表わせるくらいですから，2次元ベクトルとして表わすにも適していて，ベクトルとは切り離せない親しい関係にあります．

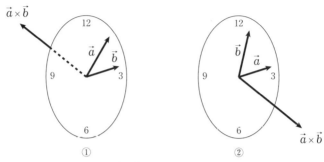

$\vec{a} \times \vec{b}$ のベクトルの方向

図 2.15

で表わされます．この値と，ベクトルの内積 $|\vec{a}||\vec{b}|\cos\theta$ とを較べてみてください．内積ではベクトルの方向が一致するほど「効き」がよく大きな値になるのに対して，外積では，ベクトルの方向が一致すると「ふんばりが効かない」として値がゼロになり，θ が $90°$ のとき，もっともふんばりが効いて値が最大になることがわかります．

$\vec{a} \times \vec{b}$ のベクトルは，$\vec{a}$ から $\vec{b}$ の方向に回される右ねじの進行方向に向いています．そうすると，$\vec{b} \times \vec{a}$ のベクトルは，$\vec{b}$ から $\vec{a}$ の方向に回される右ねじが進む方向に向いていますから，$\vec{a} \times \vec{b}$ と $\vec{b} \times \vec{a}$ とでは，向きがまるっきり反対です．したがって

$$\vec{a} \times \vec{b} = -\vec{b} \times \vec{a} \tag{2.22}$$

であり，つまり

$$\vec{a} \times \vec{b} \neq \vec{b} \times \vec{a} \tag{2.23}$$

です．これはちょっと気になる関係です（図 2.16）．ふつうの数やベクトルのたし算では

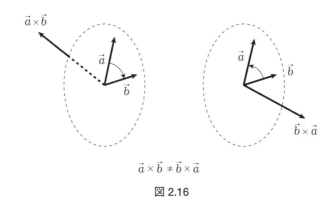

$$\vec{a} \times \vec{b} \neq \vec{b} \times \vec{a}$$

図 2.16

$$a + b = b + a$$
$$\vec{a} + \vec{b} = \vec{b} + \vec{a} \qquad (2.7)と同じ$$

の交換法則が成立するし，ふつうの数どうしのかけ算やベクトルとスカラーのかけ算でも

$$ab = ba$$
$$n\vec{a} = \vec{a}n \qquad (2.12)と同じ$$

の交換法則が成り立ち，さらに，ベクトルどうしの内積も

$$\vec{a} \cdot \vec{b} = \vec{b} \cdot \vec{a}$$

なのですが，ベクトルの外積では交換法則が成立せず，衣服を脱いでからフロに入るのと，フロに入ってから衣服を脱ぐのとが異なるように，$\vec{a} \times \vec{b}$ と $\vec{b} \times \vec{a}$ とでは方向がまるで正反対なのです．

ところで，ベクトルの外積は物理的に，あるいは現象的に，どのような意味があるのでしょうか．ひとつの例を図 2.17 に示してあります．電波は，空間のすみずみまでとび交い，音声や画像を伝えてくれるので，私たちの文明生活にはなくてはならないものです．けれども，電波そのものは目にも見えず耳にも聞こえないので，お

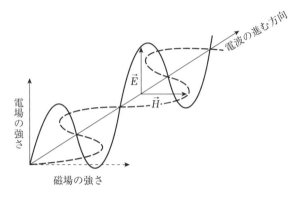

図 2.17

おかたの人にとってはまったく正体不明です．で，電波をモデル化して図示してみたのが図 2.17 です．電場の強さと磁場の強さが 90°ずれた方向で波打っていて，ある位置での電場は $\vec{E}$，磁場は $\vec{H}$ のベクトルで表わすことができます．そうすると，電波は

$$\vec{E} \times \vec{H}$$

となってとんでゆくのです．何のことかよくわからないかもしれませんが，ま，こんなものだと思っておいてください．

ベクトルの外積は，こんな調子で，物理学，とくに電子工学の中でよく使用されていますから，電子工学などでめしを食うにはぜひ使いこなさないといけないのですが，この本のレベルとしては，このあたりで打ち切るのが適当のようです．

基本ベクトルという名の小道具

基本的な話に逆戻りするようで恐縮ですが，図 2.18 の①のよう

II ベクトルの演算作法

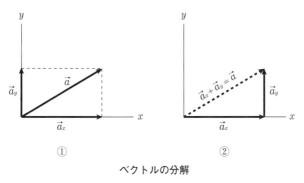

ベクトルの分解

図 2.18

に，ベクトル $\vec{a}$ は x 軸上のベクトル $\vec{a}_x$ と y 軸上のベクトル $\vec{a}_y$ とに分解することができます．その証拠は，②のように $\vec{a}_x$ と $\vec{a}_y$ とを合成すると $\vec{a}$ になることから明らかです．いまどき，①の $\vec{a}_y$ と②の $\vec{a}_y$ とは位置がちがうではないか，などと言いっこなしです．前にも書いたように，平行移動しただけのベクトルはまったく同じベクトルなのですから……．そして，$\vec{a}_x$ や $\vec{a}_y$ は $\vec{a}$ の x 成分 a_x や y 成分 a_y とは意味が異なります．a_x や a_y は，$\vec{a}$ の x 軸方向や y 軸方向の長さでスカラーであったのに対して，$\vec{a}_x$ と $\vec{a}_y$ はベクトルだからです．すなわち，$\vec{a}$ と a_x, a_y の関係は

$$\vec{a} = \begin{bmatrix} a_x \\ a_y \end{bmatrix}$$

であり，$\vec{a}$ と $\vec{a}_x$, $\vec{a}_y$ の関係は

$$\vec{a} = \vec{a}_x + \vec{a}_y \tag{2.24}$$

です．

つぎに，図 2.19 の①のように，x 軸上に大きさ 1 のベクトルを考えて $\vec{e}_x$ とし，y 軸上には同じく大きさ 1 のベクトル $\vec{e}_y$ を考えます．

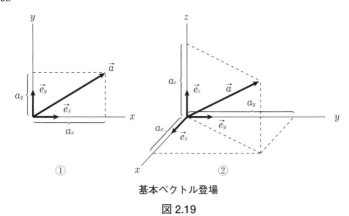

基本ベクトル登場

図 2.19

そうすると

$$\vec{a}_x = a_x \vec{e}_x$$
$$\vec{a}_y = a_y \vec{e}_y$$
(2.25)

となります．なぜかというと，$\vec{e}_x$ は x 軸上の大きさ 1 のベクトルなので，これを a_x 倍すれば x 軸上の大きさ a_x のベクトルになるはずであり，それは $\vec{a}_x$ であるからです．そうすると，式(2.24)と式(2.25)とから

$$\vec{a} = a_x \vec{e}_x + a_y \vec{e}_y \tag{2.26}$$

と書けることがわかります．図 2.19 の②には，$\vec{a}$ が 3 次元ベクトルである場合を描いてありますが

$$\vec{a} = a_x \vec{e}_x + a_y \vec{e}_y + a_z \vec{e}_z \tag{2.27}$$

であることは，とくに説明の必要もないでしょう．このような $\vec{e}_x$, $\vec{e}_y$, $\vec{e}_z$ は**基本ベクトル**と呼ばれています．

ところで，なぜ基本ベクトルなどという小道具が登場したのでしょうか．この本の冒頭に書いたように，小道具は私たちの便利のために作られたもののはずですが，基本ベクトルはどのように便利

なのでしょうか.

まず,基本ベクトルを使って$\vec{a}$と$\vec{b}$のたし算,ひき算をやってみます.$\vec{a}$と$\vec{b}$は何次元のベクトルでもよいのですが,いちばん簡単な2次元ベクトルとして計算してみましょう.式(2.26)の関係を$\vec{b}$にも適用すると

$$\left. \begin{array}{l} \vec{a} = a_x\vec{e}_x + a_y\vec{e}_y \\ \vec{b} = b_x\vec{e}_x + b_y\vec{e}_y \end{array} \right\} \quad (2.28)$$

ですから

$$\begin{aligned} \vec{a} \pm \vec{b} &= (a_x\vec{e}_x + a_y\vec{e}_y) \pm (b_x\vec{e}_x + b_y\vec{e}_y) \\ &= (a_x \pm b_x)\vec{e}_x + (a_y \pm b_y)\vec{e}_y \end{aligned} \quad (2.29)$$

が得られます.この関係は39ページと46ページの

$$\vec{a} + \vec{b} = \begin{bmatrix} a_x + b_x \\ a_y + b_y \end{bmatrix} \quad \text{(2.6)と同じ}$$

$$\vec{a} - \vec{b} = \begin{bmatrix} a_x - b_x \\ a_y - b_y \end{bmatrix} \quad \text{(2.10)と同じ}$$

を,いっしょにしたものですが,式(2.6)と式(2.10)がベクトルを数字の組合せで表わした間接話法であるのに対して,式(2.29)は,ベクトルの直接話法になっているところに特徴が見られます.

つぎに,$\vec{a}$と$\vec{b}$の内積を求めてみます.内積の定義式(2.16)によって

$$\left. \begin{array}{l} \vec{e}_x \cdot \vec{e}_x = 1 \cdot 1 \cdot \cos 0 = 1 \\ \vec{e}_x \cdot \vec{e}_y = \vec{e}_y \cdot \vec{e}_x = 1 \cdot 1 \cos 90° = 0 \\ \vec{e}_y \cdot \vec{e}_y = 1 \cdot 1 \cdot \cos 0 = 1 \end{array} \right\} \quad (2.30)$$

であることを利用すると

$$\vec{a} \cdot \vec{b} = (a_x\vec{e}_x + a_y\vec{e}_y) \cdot (b_x\vec{e}_x + b_y\vec{e}_y)$$

$$= a_x b_x \vec{e}_x \cdot \vec{e}_x + a_x b_y \vec{e}_x \cdot \vec{e}_y + a_y b_x \vec{e}_y \cdot \vec{e}_x + a_y b_y \vec{e}_y \cdot \vec{e}_y$$
$$= a_x b_x + a_y b_y \tag{2.31}$$

となります．これはすでに 57 ページに現われた式(2.18)と同じなのですが，式(2.18)を求めたときのごみごみした手順に較べれば，ずいぶん直さいに同じ式が得られたではありませんか．

基本ベクトルの強みがもっとも発揮されるのは，ベクトルの外積の計算です．$\vec{a}$ と $\vec{b}$ の外積は，$\vec{a}$ と $\vec{b}$ が作る平面から垂直方向にとび出しているので，3 次元空間で思考する必要があります．したがって，基本ベクトルとして $\vec{e}_x$, $\vec{e}_y$, $\vec{e}_z$ を使うことになります．ここで外積の定義を思い出していただくと，図 2.20 のように，$\vec{e}_x \times \vec{e}_y$ の外積は z 軸の方向に向き，そして，その長さは $1 \cdot 1 \cdot \sin 90°$ ですから 1 になり，したがって，$\vec{e}_x \times \vec{e}_y$ は $\vec{e}_z$ です．つまり

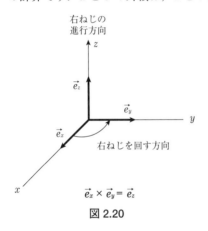

図 2.20

$$\left. \begin{array}{l} \vec{e}_x \times \vec{e}_y = \vec{e}_z, \quad \vec{e}_y \times \vec{e}_x = -\vec{e}_z \\ \vec{e}_y \times \vec{e}_z = \vec{e}_x, \quad \vec{e}_z \times \vec{e}_y = -\vec{e}_x \\ \vec{e}_z \times \vec{e}_x = \vec{e}_y, \quad \vec{e}_x \times \vec{e}_z = -\vec{e}_y \end{array} \right\} \tag{2.32}$$

です．また，$\vec{e}_x \times \vec{e}_x$ などは $\sin 0° = 0$ ですから

$$\left. \begin{array}{l} \vec{e}_x \times \vec{e}_x = 0 \\ \vec{e}_y \times \vec{e}_y = 0 \\ \vec{e}_z \times \vec{e}_z = 0 \end{array} \right\} \tag{2.33}$$

となります.

では,式(2.32)と式(2.33)の関係をフルに利用して,$\vec{a}$と$\vec{b}$の外積を求めてみましょう.

$$\begin{aligned}
\vec{a} \times \vec{b} &= (a_x\vec{e}_x + a_y\vec{e}_y + a_z\vec{e}_z)\ (b_x\vec{e}_x + b_y\vec{e}_y + b_z\vec{e}_z) \\
&= a_xb_x(\vec{e}_x \times \vec{e}_x) + a_xb_y(\vec{e}_x \times \vec{e}_y) + a_xb_z(\vec{e}_x \times \vec{e}_z) \\
&\quad + a_yb_x(\vec{e}_y \times \vec{e}_x) + a_yb_y(\vec{e}_y \times \vec{e}_y) + a_yb_z(\vec{e}_y \times \vec{e}_z) \\
&\quad + a_zb_x(\vec{e}_z \times \vec{e}_x) + a_zb_y(\vec{e}_z \times \vec{e}_y) + a_zb_z(\vec{e}_z \times \vec{e}_z) \\
&= a_xb_y(\vec{e}_z) + a_xb_z(-\vec{e}_y) \\
&\quad + a_yb_x(-\vec{e}_z) + a_yb_z(\vec{e}_x) \\
&\quad + a_zb_x(\vec{e}_y) + a_zb_y(-\vec{e}_x) \\
&= (a_yb_z - a_zb_y)\vec{e}_x + (a_zb_x - a_xb_z)\vec{e}_y + (a_xb_y - a_yb_x)\vec{e}_z
\end{aligned}$$
(2.34)

となります.* 使っている記号に添字がついているので,ごみごみして見えますが,内容的には整然とことが運んでいます.もし,基本ベクトルを使わずに一般的な3次元ベクトルどうしの外積を求めようとしたら,これはたいへんです.立体空間内のベクトルどうしの幾何学的な位置関係を考察し,三角関数や三平方の定理やらを使って,大騒ぎしながら計算するはめになるのですが,あまりの複雑さに根気負けするか計算ちがいをするかで,式(2.34)に到達できないこと請合いです.うそだと思う方は,やってみてください.

---

* この関数は,行列式を使うと
$$\vec{a} \times \vec{b} = \begin{vmatrix} \vec{e}_x & \vec{e}_y & \vec{e}_z \\ a_x & a_y & a_z \\ b_x & b_y & b_z \end{vmatrix}$$

という整然とした式になるのですが,詳しい説明は162ページまでお待ちください.

III ベクトルから行列へ

あんじょう，ちんじょう，そくじょう

　水を満たした容器の中に物体を浸してあふれ出た水の量を測れば，いくら複雑な形をした物体の体積でも求められることにアルキメデス*が気がついたのは，彼が浴槽に身体を沈めてあふれ出るお湯を見たときであったとか，ニュートン**はリンゴが木の枝から地表めがけて落下するのを見て万有引力の法則に気がついたとか，これに類した伝説はいくつもあるようです．

---

* アルキメデス(前287～前212)，古代ギリシアの数学者．理論ばかりでなく，実践面でも大活躍をし，ヒエロン王のために巨大な船を作ったり，ローマとカルタゴの戦争では起重機を発明してローマの軍艦をつり上げたりの大活躍のすえ，敷石の上に円形を描いて研究しているところへ侵入したローマ兵たちに「その円を踏むな」とどなって殺された話は有名です．
** ニュートン(1643～1727)，イギリスの科学者，数学，物理，天文などの分野での功績が多く，晩年には神学の研究にも力を注ぎ，一生を独身で過ごしました．近代自然科学の先駆者として有名です．

けれども私は，これらの伝説は逸話としてはおもしろいけれど，教訓としては重要な前提が欠落しているように思います．アルキメデスは，積分という概念が世に知られていない当時，いろいろな形をした物体の体積を求めることに苦心惨憺していて，ただでさえ人並はずれて優秀な頭脳の中がその問題意識でいっぱいになっていたので，あふれ出たお湯がきっかけとなって脳細胞の論理回路が問題解決のためにいっせいに作動し，複雑な物体の体積測定の答へと結びついたのでしょう．ですから，体積測定法の発見の動機は，その問題意識であって，入浴ではありません．ニュートンの場合も同様です．力の作用とか運動とかについて深く思索していたニュートンだから，リンゴの落下運動からリンゴに作用する力に考えが及び，その力の発生源としての万有引力に思考が発展していったのであり，それらの思索や思考なしに，万有引力に突然気がつくわけはないでしょう．いずれにせよ，強い問題意識と深い思索という前提があってこそで，思いつきや偶然だけで偉大な発想や発見はあり得ないと私は思うのですが，いかがでしょうか．

ところで，強い問題意識と深い思索とがあると，ある日突然，うまい方法に気がつくことがあるのですが，それは，一生懸命に考えたり計算をしたりしているときよりは，ふっと息を抜いているときのほうが多いようで，よい智恵が浮ぶ場所は昔から「鞍上，枕上，厠上」といわれています．鞍上は，馬の鞍の上でゆったりと揺られているときで，枕上は文字どうり寝床にはいってほっとしたとき，厠上はもちろんトイレの中を意味します．いずれも，目の前に活字や図もなく，手に鉛筆もスマホもないので，ぼやっとしているように見えながら，実は頭の中でごちゃごちゃになっている知識や思考

が整理されていくための貴重な時間であり，その結果，気のきいた方法に思い当たることになるのでしょう．

さて，私たちは第1章と第2章とで2つ以上の数字の組合せをベクトルと名づけ，あたかもふつうの数のように，たしたり，ひいたり，かけたりしてきました．前節までは，紙面のムダ使いを避ける意図もあって，ベクトルの成分は3～4以下のものだけを例として取り扱ってきましたが，成分は2つ以上いくら多くても差支えないことは，もちろんです．もちろんですが，ときには成分をいくつかのグループに分けたほうが，わかりやすい例も少なくありません．たとえば

　　本田が飲んだ　コップ酒　　5杯
　　本田が食べた　やきとり　　2本
　　香川が飲んだ　コップ酒　　1杯
　　香川が食べた　やきとり　　6本
　　長友が飲んだ　コップ酒　　3杯
　　長友が食べた　やきとり　　4本

を，紙面のムダ使いを許していただいて

$$\begin{bmatrix} 5 \\ 2 \\ 1 \\ 6 \\ 3 \\ 4 \end{bmatrix}$$

と書き，ベクトルとみなしても，もちろん差支えはありません．

ところが，こういう数字の組合せについて深く思考してきた私た

ちは，ある日，あんじょうで，はっと気がつくのです．この6つの数字をいっしょくたにするのは誰が見ても不自然であり，数字の内容からいって，これは

	本田	香川	長友
コップ酒	5	1	3
やきとり	2	6	4

と配列されて，然るべきだと気がつくのです．つまり，この6つの数字は3人の飲食ベクトル

$$\begin{bmatrix} 5 \\ 2 \end{bmatrix}, \begin{bmatrix} 1 \\ 6 \end{bmatrix}, \begin{bmatrix} 3 \\ 4 \end{bmatrix}$$

に分けて考えたほうが自然ではないでしょうか．こうすれば，本田君のベクトルはコップ酒軸寄りなので呑んべ型，香川君のベクトルはやきとり軸の方に偏っているので食い気型，長友君はその中間の折衷型であり，数字の組合せをベクトルという概念でとらえる意味が見出せます．あるいは，また，この6つの数字を

$$\text{コップ酒ベクトル}: \begin{bmatrix} 5 \\ 1 \\ 3 \end{bmatrix}$$

$$\text{やきとりベクトル}: \begin{bmatrix} 2 \\ 6 \\ 4 \end{bmatrix}$$

に分けて考えると，コップ酒ベクトルはずいぶん本田君軸に偏っていて，コップ酒の多くは本田君に飲まれてしまったことを表わし，やきとりベクトルは香川君軸と長友君軸寄りなので，香川君と長友君とに多く食べられたことを表わすと考えてもおもしろいようです．

いずれにせよ，この 6 つの数字は，6 つの数字が一列に並んで 1 つのベクトルを表わすと考えるよりは

$$\begin{bmatrix} 5 & 1 & 3 \\ 2 & 6 & 4 \end{bmatrix}$$

という数字の配列のまま取り扱うほうが至当ではないかとあんじょうで気がついたのです．このように，数字が縦横に並んだものは**行列**と呼ばれます．

数学の参考書には，いくつかの数字を一列に並べたものをベクトルというとか，いくつかの数字を縦横に並べたものを行列というとか，書いてあるものがあります．数学的にはまったくそのとおりで異論を差しはさむ必要はありません．けれども，現実の問題としては，意味もなく数字を並べたものをベクトルとか行列とか言われても，なぜそのようなものをベクトルとか行列とか名づけて特別扱いするのか合点がゆかないではありませんか．数学的な純粋性はさておき，やはり，ベクトルや行列に使う数字には現実的な意味を持たせながら考えてゆきたいものです．

行列のぞき見

あんじょうで，いくつかの数字は一列に並べてベクトルとして扱うより，縦横の長方形に並べてしまうほうが，意味がわかりやすいこともあるのではないかと気がついたのですが，つぎは，一列に数字を並べたベクトルが，あたかもふつうの数字のように，たしたり，ひいたり，かけたりできるのだから，数字を長方形に並べた行列も，ふつうの数字のように，たしたり，ひいたり，かけたりでき

	本	香	長
コップ酒	5	1	3
やきとり	2	6	4

＋

	本	香	長
コップ酒	3	0	2
やきとり	4	4	2

＝

	本	香	長
コップ酒	8	1	5
やきとり	6	10	6

るのではないかと，ちんじょうで気がつくのです．ちんじょうのこととて鉛筆もスマホも手元にはありませんから，ごく簡単な計算でそれを確かめてみることにします．

まず，たし算です．上段にコップ酒の杯数，下段にやきとりの本数を書くことにすると，本田君が2軒のはしご酒をした結果は，1軒めの飲食ベクトルと2軒めの飲食ベクトルを加え合わせて

$$\begin{bmatrix} 5 \\ 2 \end{bmatrix} + \begin{bmatrix} 3 \\ 4 \end{bmatrix} = \begin{bmatrix} 8 \\ 6 \end{bmatrix}$$

と，ふつうの数のように計算できるのですが，行列の場合はどうでしょうか．本田君，香川君，長友君の3人組が2軒のはしご酒をした結果は，2軒分の飲食行列を加え合わせて

$$\begin{bmatrix} 5 & 1 & 3 \\ 2 & 6 & 4 \end{bmatrix} + \begin{bmatrix} 3 & 0 & 2 \\ 4 & 4 & 2 \end{bmatrix}$$

$$= \begin{bmatrix} 5+3 & 1+0 & 3+2 \\ 2+4 & 6+4 & 4+2 \end{bmatrix} = \begin{bmatrix} 8 & 1 & 5 \\ 6 & 10 & 6 \end{bmatrix}$$

となりますから,2つの行列の同じ位置にある数値を加え合わせることによって,ふつうの数のように計算することができそうです.

つぎに,スカラーをかけ合わせてみましょう.3軒のはしごをしたとして,3軒とも飲食ベクトルが同じなら,本田君1人の場合には

$$3 \times \begin{bmatrix} 5 \\ 2 \end{bmatrix} = \begin{bmatrix} 15 \\ 6 \end{bmatrix}$$

のようにベクトルの各成分をいっせいに3倍すればよいのですが,3人組の飲食行列が3軒とも同じなら

$$3 \times \begin{bmatrix} 5 & 1 & 3 \\ 2 & 6 & 4 \end{bmatrix} = \begin{bmatrix} 5\times 3 & 1\times 3 & 3\times 3 \\ 2\times 3 & 6\times 3 & 4\times 3 \end{bmatrix}$$
$$= \begin{bmatrix} 15 & 3 & 9 \\ 6 & 18 & 12 \end{bmatrix}$$

というわけで,行列をスカラー倍する場合も行列の各数値をいっせいにスカラー倍すればよく,ベクトルのときと同じようなかけ算が成立しそうです.バカに調子がよくて気持ちが悪いくらいです.ちんじょうでは,呑んべえたちの飲食行列を頭の中に描いてたし算とスカラー倍を計算してみただけですから,この一例だけで,ベクトルと同じく行列もあたかもふつうの数のように計算できると即断してしまうわけにもいきませんが,しかし,行列もふつうの数のように扱える気配も濃厚ではありませんか.

行列がふつうの数のように扱えるならば……と,こんどは,そくじょうでの夢が拡がってゆきます.行列がふつうの数のように扱えるならば,縦横に並んだたくさんの数字の集団に行列Aとか行列

Bとかの呼び名をつけて

$$A + B \quad とか \quad A \times B$$

とか，おそろしく簡単に書き表わすことができて，資源と労力を著しく節約できるでしょう．それに，たくさんの数字の集団をひとまとめにして A とか B とか呼べることは，すばらしいことにちがいありません．それはちょうど，阿部，坂本，長野，菅野，……と全員の名を挙げる代りに巨人軍と呼んだり，$a, b, c, d,$……と 26 文字を書き並べる代りにアルファベットと呼んだりするように，表現を端的にして思考を容易にするにちがいないからです．

そくじょうでの思索はさらに続きます．一列だけになってしまった行列がベクトルかもしれない，つまり，ベクトルは行列のうちの特例なのかもしれない．そして，数字がただ1つだけになってしまったベクトルがふつうの数かもしれない，つまり，ふつうの数はベクトルのうちの特例なのかもしれない．逆の見方をすれば，ふつうの数をもっと一般化したものがベクトルであり，ベクトルをさらに一般化したものが行列かもしれません．したがって，ふつうの数よりはベクトルが，ベクトルよりは行列が，より高度な概念ではないのでしょうか．

ただ，ちょっと気になることもあります．数には方向性がありませんが，ベクトルには方向性があります．では行列はどうでしょうか．方向性またはそれより上等な性格がさらに付加されているのでしょうか．

だんだん話がややこしくなってきました．もう，そくじょうから降りてまじめに机に向かわなければなりません．多少は鉛筆や紙も使う必要がありそうだからです．次の節からがっちりと行列の性質

を調べていくことにします.

珍案・立体行列

'行列' という日本語は, 切符を買うための行列とか, ありの行列とかのように, 一列に長く連った情景を連想させます. けれども, 数学の行列(matrix)では, '行' と '列' は別物です. 図 3.1 のように,

```
           第    第    第    第
           一    二    三    四
           列    列    列    列
           ↓    ↓    ↓    ↓
第1行 → [  5    0   -3    6 ]
第2行 → [  2    1    7   -7 ]
第3行 → [  3    4   10    0 ]
```

行列には, 文字どうり行と列がある.

図 3.1

横方向の並びを**行**(row)といい, 上から第 1 行, 第 2 行, ……と命名していますし, また, 縦方向の並びが**列**(column)であり, 左から第 1 列, 第 2 列, ……と呼ばれます. そして, 図 3.1 のように 3 つの行と 4 つの列からできているような行列を

  3 行 4 列の行列 または 3×4 行列

といいます. とくに, 行と列の数が等しいような行列は, 数の並び方が正方形なので**正方行列**と呼ばれ, 行と列の数が 3 なら 3 次の正方行列, 4 なら 4 次の正方行列というような呼び方をします. ちょうど, ベクトルの場合にも 3 次ベクトルや 4 次ベクトルがあったようにです.

では, たとえば 3×1 行列のように, 列が 1 つだけになってし

まったらどうでしょうか．これは

$$\begin{bmatrix} 5 \\ 2 \\ 3 \end{bmatrix} \quad (※)$$

のように，明らかにベクトルです．いっぽう，1×4 行列のように行が1つだけになってしまえば

$$[5 \quad 0 \quad -3 \quad 6] \quad (※※)$$

のような形になりますが，33ページに書いたように，ベクトルは数を縦に並べても横に並べても同じことですから，これもやはりベクトルです．けれども，行列と対比していえば，(※)は行列のうち列だけが生き残っているので**列ベクトル**，(※※)は行だけが生き残っているので**行ベクトル**と区別して呼ぶこともあります．

また，行列の中に並べられた個々の数字を，その行列の**要素**といいます．ベクトルの場合には，並べられた個々の数字がベクトルの x 軸や y 軸の長さを表わしているので個々の数字を成分と呼びました．しかし，1行や1列だけの行列がベクトルであるならば，行列の要素がそのままベクトルの要素に移行したとも考えられるので，ベクトルの成分のことをベクトルの要素といっても差支えはありません．

行列が1行だけ，あるいは1列だけになってしまうと，それはベクトルなのですが，行列の行も列も1つだけ，つまり，1×1 行列になってしまうと，ふつうの数が1つだけ残るにすぎません．いいかえれば，ふつうの数 a は

$$1 \times 1 \text{ 行列} \quad [a]$$

とみなすことができます．

私たちは，子供のころからふつうの数については馴染みが深いの

で，ふつうの数をいくつか同列に並べたものがベクトルで，ベクトルをさらに並べたものが行列だと考えがちです．ちょうど，ヒトや類人猿などが集まって霊長目をつくり，霊長目や偶蹄目などが集まって哺乳類を作ると考えるようにです．けれども，哺乳類の一部に霊長目があり，霊長目の一部がヒトであると考えることもできるように，行列の一部がベクトルで，ベクトルの一部がふつうの数だと考えてもおかしくはありません．

さらにいえば，ヒトは霊長目に包含されていて，霊長目は哺乳類に包含されているので，ヒトという概念よりは霊長目という概念のほうが**上位概念**であり，逆にいえば，ヒトは霊長目より，また，霊長目は哺乳類に較べて**下位概念**です．同様に，数よりはベクトルが，ベクトルよりは行列が上位概念であり，逆に，行列よりはベクトルが，ベクトルよりはふつうの数が下位概念であるということができます．そして，心情的な世界，つまり文学とか美術とかの世界ではそうではありませんが，科学の世界では，下位概念を正しく認識するためには上位概念に対する理解が必要です．上位概念を知ることによって，下位概念の位置づけが明確になるからです．したがって，ベクトルや行列を理解することが，ふつうの数に対する正しい認識をさらに深めることになるはずです．

では，行列のさらに上位概念として，行列をいくつも並べた立体行列のようなものを考えてみたらどうでしょうか．たとえば，本田君，香川君，長友君の3名が，1軒めの飲み屋で胃袋に納めたコップ酒とやきとりの行列が

$$\begin{bmatrix} 5 & 1 & 3 \\ 2 & 6 & 4 \end{bmatrix}$$

III ベクトルから行列へ

であり，2軒めでの飲食行列が77ページのイラストのように

$$\begin{bmatrix} 3 & 0 & 2 \\ 4 & 4 & 2 \end{bmatrix}$$

であるとき，この2つの行列をいっしょにして図3.2のような立体行列とするのです．ある晩についてこのような立体行

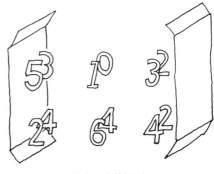

珍案・立体行列

図 3.2

列ができたのですが，翌日の夕方，またまたこの呑んべえ3人組が2軒のはしごをして，新しい飲食立体行列を作り出したとすると，2日分の飲食立体行列は，1日めと2日めの立体行列を加え合わせたものです．したがって，2つの立体行列の対応する位置にある要素どうしを加え合わせればよさそうです．また，この呑んべえ3人組が3日間連続で同じ飲食立体行列を作ったとすると，3日間を総計した飲食立体行列は，1日分のそれを3倍したものであり，したがって，1日分の飲食立体行列のすべての要素をいっせいに3倍すればよさそうです．こうしてみると，立体行列もふつうの数と同じような演算ができる可能性が濃厚で，行列よりもさらに上位の概念として存在を許されそうです．

さらにまた，立体行列を4次元の方向に並べた4次元行列や，4次元行列を5次元の方向に配置した5次元行列なども，理屈としては考えられるように思えます．けれども，数学でふつうに使われるのは，どういうわけか縦横に数が配列された平面的な行列だけです．私が不勉強なせいか，立体以上の行列についての文献を見たこ

とがありません.どなたか,立体以上の行列についての研究成果をご存知なら教えていただけませんか.

基礎的なはなし

行列について,少し基礎的な話をしましょう.まず,2つの行列が等しいとは,どのようなことでしょうか.すでに馴染み深い呑んべえ3人組の飲食行列

	本田	香川	長友
コップ酒	5	1	3
やきとり	2	6	4

$\rightarrow \begin{bmatrix} 5 & 1 & 3 \\ 2 & 6 & 4 \end{bmatrix}$

あたりを頭に描いてみましょう.これと同じ行列は,やはり2行3列の行列で,6つの要素がぴったりと一致するものでなければなりません.1カ所でも異なれば,それは3人のうちの誰かの飲みっぷりか食いっぷりが異なることを意味しますから,行列としては同じものとはいえません.また,要素がいっせいに2倍になるとか,すべての要素の符号をいっせいに変えるとかしても,行列としての意味が異なってしまうことは明らかです.すなわち,2つの行列が等しいためには行のかずも列のかずも同じで,対応する要素どうしのすべてが等しい必要があります.一般的に式を使って書くと

$$A = \begin{bmatrix} a_{11} & a_{12} & a_{13} & \cdots\cdots & a_{1n} \\ a_{21} & a_{22} & a_{23} & \cdots\cdots & a_{2n} \\ \multicolumn{5}{c}{\cdots\cdots\cdots\cdots\cdots\cdots} \\ a_{m1} & a_{m2} & a_{m3} & \cdots & a_{mn} \end{bmatrix} \tag{3.1}$$

$$B = \begin{bmatrix} b_{11} & b_{12} & b_{13} & \cdots\cdots & b_{1n} \\ b_{21} & b_{22} & b_{23} & \cdots\cdots & b_{2n} \\ \multicolumn{5}{c}{\cdots\cdots\cdots\cdots\cdots\cdots} \\ b_{m1} & b_{m2} & b_{m3} & \cdots\cdots & b_{mn} \end{bmatrix} \tag{3.2}$$

という2つの $m \times n$ 行列があるとき

$$A = B \tag{3.3}$$

ということは

$$\left.\begin{array}{l} a_{11}=b_{11}, \quad a_{12}=b_{12}, \quad \cdots\cdots, \quad a_{1n}=b_{1n} \\ a_{21}=b_{21}, \quad a_{22}=b_{22}, \quad \cdots\cdots, \quad a_{2n}=b_{2n} \\ \cdots\cdots\cdots\cdots\cdots\cdots\cdots\cdots\cdots\cdots\cdots\cdots\cdots\cdots\cdots \\ a_{m1}=b_{m1}, \; a_{m2}=b_{m2}, \; \cdots\cdots, \; a_{mn}=b_{mn} \end{array}\right\} \tag{3.4}$$

という，$m \times n$ 個の等式が同時に成立することと同じ意味を持っています．$A = B$ というような簡単な式が，$m \times n$ 個の式に相当するのですぞ．前にも書いたように，たくさんの数字の集団をひとまとめにしてAとかBとか呼べることは，すばらしいことなのです．

いまのAとBとは，いずれも m 行 n 列の行列です．2つの行列があって，行の数どうしと列の数どうしがともに等しいとき，その2つの行列は**同じ型の行列**であるといいます．たとえば

$$\begin{bmatrix} 5 & 1 & 3 \\ 2 & 6 & 4 \end{bmatrix} \; と \; \begin{bmatrix} 3 & 0 & 2 \\ 4 & 4 & 2 \end{bmatrix}$$

は等しくはありませんが，同じ型の行列です．

ところで，この節の式(3.1)，式(3.2)，式(3.4)を見たとたんに吐き気を感じた方がおられるのではないでしょうか．ひと桁や2桁の数字がいくつか並んでいるだけならまだしも，a_{11}, a_{12} とか a_{mn} とかがずらりと並んでいるのを見るのは，気持ちのよいものではあり

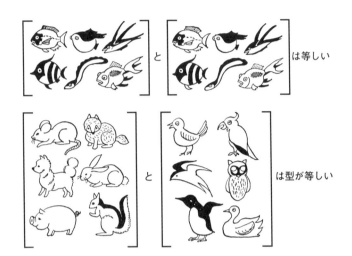

ません．とくに，a_{mn} のように添字がついていると目がちらつくせいもあって，不愉快の度合いが増大します．けれども，あいにくなことに行列の場合には，式(3.1)や式(3.2)のように書くのがふつうです．なぜかというと，たとえば

$$a_{23}$$

の添字2と3は，2が2行め，3は3列めを表わしていて，2行めで3列めのところに位置する値であることがわかるので，ぐあいがよいからです．a や b は，もちろんふつうの式でふんだんに使われる a や b と同じく，ある値を意味していますし，a, b, c などは，あらかじめわかっている値，つまり既知数を，x, y, z などはこれから求めようとしている値，つまり未知数を表わすことが多いのは，ふつうの式の場合と同じです．

行列のたし算,ひき算

行列についての基礎的な話が続きます.前章でベクトルの演算についてのルールを確かめたように,行列の演算についてもルールを確認しておこうと思うのです.

まず,たし算です.行列のたし算については,すでに 77 ページで思索に耽ったところなのですが,念のためにもういちど書くと,たとえば呑んべえ 3 人組の飲食行列が

		本田	香川	長友
1軒め	コップ酒	5	1	3
	やきとり	2	6	4
2軒め	コップ酒	3	0	2
	やきとり	4	4	2

$\rightarrow \begin{bmatrix} 5 & 1 & 3 \\ 2 & 6 & 4 \end{bmatrix}$

$\rightarrow \begin{bmatrix} 3 & 0 & 2 \\ 4 & 4 & 2 \end{bmatrix}$

であれば,1 軒めと 2 軒めを加え合わせた行列は

$$\begin{bmatrix} 5 & 1 & 3 \\ 2 & 6 & 4 \end{bmatrix} + \begin{bmatrix} 3 & 0 & 2 \\ 4 & 4 & 2 \end{bmatrix}$$
$$= \begin{bmatrix} 5+3 & 1+0 & 3+2 \\ 2+4 & 6+4 & 4+2 \end{bmatrix} = \begin{bmatrix} 8 & 1 & 5 \\ 6 & 10 & 6 \end{bmatrix}$$

となることが明らかです.したがって,2 つの行列のたし算は,対応する位置にある要素どうしをすべて加え合わせればよいことになります.添字で目がちらつくのをがまんしていただき,2 × 3 行列を例にとって一般的な書き方をすれば

$$\begin{bmatrix} a_{11}\ a_{12}\ a_{13} \\ a_{21}\ a_{22}\ a_{23} \end{bmatrix} + \begin{bmatrix} b_{11}\ b_{12}\ b_{13} \\ b_{21}\ b_{22}\ b_{23} \end{bmatrix} = \begin{bmatrix} a_{11}+b_{11}\ a_{12}+b_{12}\ a_{13}+b_{13} \\ a_{21}+b_{21}\ a_{22}+b_{22}\ a_{23}+b_{23} \end{bmatrix}$$
(3.5)

という次第です．

行列のたし算についての式(3.5)から，いろいろなことがわかります．まず第1に，2つの行列のたし算ができるためには，2つの行列が同じ型の行列でなければなりません．そうでないと，対応する位置にパートナーを持たないあぶれ者が生じてしまうからです．

つぎに，ふつうの数やベクトルの場合と同様に，行列 A, B, C の間にも

$$A + B = B + A \qquad \text{（交換法則）} \tag{3.6}$$

$$(A + B) + C = A + (B + C) \quad \text{（結合法則）} \tag{3.7}$$

が成立することもわかります．ふつうの数どうしの交換法則や結合法則は既知の事実なのですから，加え合わされた行列の中の要素にそれを適用してみればよいのです．なんでもありませんが，式(3.7)を証明してみましょうか．行列の型はいくら大きくても同じですが，いちばん簡単な 2×2 行列を例にとると

$$\left\{\begin{bmatrix} a_{11} & a_{12} \\ a_{21} & a_{22} \end{bmatrix} + \begin{bmatrix} b_{11} & b_{12} \\ b_{21} & b_{22} \end{bmatrix}\right\} + \begin{bmatrix} c_{11} & c_{12} \\ c_{21} & c_{22} \end{bmatrix}$$

$$= \begin{bmatrix} a_{11}+b_{11} & a_{12}+b_{12} \\ a_{21}+b_{21} & a_{22}+b_{22} \end{bmatrix} + \begin{bmatrix} c_{11} & c_{12} \\ c_{21} & c_{22} \end{bmatrix}$$

$$= \begin{bmatrix} (a_{11}+b_{11})+c_{11} & (a_{12}+b_{12})+c_{12} \\ (a_{21}+b_{21})+c_{21} & (a_{22}+b_{22})+c_{22} \end{bmatrix}$$

$$= \begin{bmatrix} a_{11}+(b_{11}+c_{11}) & a_{12}+(b_{12}+c_{12}) \\ a_{21}+(b_{21}+c_{21}) & a_{22}+(b_{22}+c_{22}) \end{bmatrix}$$

$$= \begin{bmatrix} a_{11} & a_{12} \\ a_{21} & a_{22} \end{bmatrix} + \begin{bmatrix} b_{11}+c_{11} & b_{12}+c_{12} \\ b_{21}+c_{21} & b_{22}+c_{22} \end{bmatrix}$$

$$= \begin{bmatrix} a_{11} & a_{12} \\ a_{21} & a_{22} \end{bmatrix} + \left\{ \begin{bmatrix} b_{11} & b_{12} \\ b_{21} & b_{22} \end{bmatrix} + \begin{bmatrix} c_{11} & c_{12} \\ c_{21} & c_{22} \end{bmatrix} \right\}$$

と，まあ，こういうぐあいになります．なんとくだらない，などと言いっこなしです．ばかばかしいようでも，きちんとしておくのが数学の基本動作なのですから．

つぎに進みます．ふつうの数でもゼロがあり，ベクトルにも零ベクトルがあったように，すべての要素がゼロであるような行列を**零行列**といいます．たとえば

$$\begin{bmatrix} 0 & 0 \\ 0 & 0 \end{bmatrix}, \begin{bmatrix} 0 & 0 & 0 & 0 \\ 0 & 0 & 0 & 0 \end{bmatrix}, \begin{bmatrix} 0 & 0 \\ 0 & 0 \\ 0 & 0 \end{bmatrix}$$

などはすべて零行列であり，零行列は**0**と書くのがふつうです．そして

$$A + \mathbf{0} = A$$

であることはもちろんですが，ただし，A と **0** とは同じ型の行列でなければなりません．

さらにつぎへ進みます．ふつうの数にも1があり，ベクトルにも大きさが1の単位ベクトル(37ページ)があったように，行列にも**単位行列**があります．ここまでは正しいのですが，では，単位行列はすべての要素が1で

$$\begin{bmatrix} 1 & 1 \\ 1 & 1 \end{bmatrix}, \begin{bmatrix} 1 & 1 & 1 \\ 1 & 1 & 1 \end{bmatrix}$$

のような行列かと思うと，これが大まちがいです．

$$\begin{bmatrix} 1 & 0 \\ 0 & 1 \end{bmatrix}$$

という型をしているので，……ン？となってしまいます．なぜかについては，104ページあたりでお話をする手順なので，もうしばらくお待ちください．

さらにさらにつぎへ進みます．つぎは行列のひき算ですが，これもなんでもありません．対応する位置にある要素どうしのひき算を行なえばよいのです．たとえば

$$\begin{bmatrix} a_{11} & a_{12} & a_{13} \\ a_{21} & a_{22} & a_{23} \end{bmatrix} - \begin{bmatrix} b_{11} & b_{12} & b_{13} \\ b_{21} & b_{22} & b_{23} \end{bmatrix} = \begin{bmatrix} a_{11}-b_{11} & a_{12}-b_{12} & a_{13}-b_{13} \\ a_{21}-b_{21} & a_{22}-b_{22} & a_{23}-b_{23} \end{bmatrix}$$

(3.8)

というだけの話です．

なお，行列 A に対して，$-A$ は A の要素の正負の符号をいっせいに逆転させたもの，たとえば

$$A = \begin{bmatrix} 3 & -2 \\ 0 & 5 \end{bmatrix} \quad \text{なら} \quad -A = \begin{bmatrix} -3 & 2 \\ 0 & -5 \end{bmatrix}$$

$$A = \begin{bmatrix} a_{11} & a_{12} & a_{13} \\ a_{21} & a_{22} & a_{23} \end{bmatrix} \quad \text{なら} \quad -A = \begin{bmatrix} -a_{11} & -a_{12} & -a_{13} \\ -a_{21} & -a_{22} & -a_{23} \end{bmatrix}$$

であることも，あたりまえのこととはいえ，付記しておきましょう．

行列 × スカラー

前節で行列のたし算とひき算が終わったのですが，ひき続き，たし算の延長としてのかけ算，つまり，スカラーと行列のかけ算に進みましょう．これも，わけはありません．たとえば，呑んべえ3人

組の飲食行列が

$$\begin{bmatrix} 5 & 1 & 3 \\ 2 & 6 & 4 \end{bmatrix}$$

であるとき，同じ量の飲み食いを3軒もはしごをしたとすると，飲食ベクトルの総計は

$$\begin{bmatrix} 5 & 1 & 3 \\ 2 & 6 & 4 \end{bmatrix} + \begin{bmatrix} 5 & 1 & 3 \\ 2 & 6 & 4 \end{bmatrix} + \begin{bmatrix} 5 & 1 & 3 \\ 2 & 6 & 4 \end{bmatrix}$$

$$= \begin{bmatrix} 5+5+5 & 1+1+1 & 3+3+3 \\ 2+2+2 & 6+6+6 & 4+4+4 \end{bmatrix} = \begin{bmatrix} 15 & 3 & 9 \\ 6 & 18 & 12 \end{bmatrix}$$

ですが，これをかけ算で表現すれば

$$3 \times \begin{bmatrix} 5 & 1 & 3 \\ 2 & 6 & 4 \end{bmatrix} = \begin{bmatrix} 5\times 3 & 1\times 3 & 3\times 3 \\ 2\times 3 & 6\times 3 & 4\times 3 \end{bmatrix} = \begin{bmatrix} 15 & 3 & 9 \\ 6 & 18 & 12 \end{bmatrix}$$

となるだけの話です．2×3 行列を例にとって一般的に書けば

$$m \begin{bmatrix} a_{11} & a_{12} & a_{13} \\ a_{21} & a_{22} & a_{23} \end{bmatrix} = \begin{bmatrix} ma_{11} & ma_{12} & ma_{13} \\ ma_{21} & ma_{22} & ma_{23} \end{bmatrix} \tag{3.9}$$

という次第です．そして，m と n をスカラーとし，A と B を行列とすると

$$mA = Am \qquad \text{（交換法則）} \tag{3.10}$$

$$(mn)A = m(nA) \qquad \text{（結合法則）} \tag{3.11}$$

$$\left. \begin{array}{l} m(A+B) = mA + mB \\ (m+n)A = mA + nA \end{array} \right\} \text{（分配法則）} \begin{array}{l} (3.12) \\ (3.13) \end{array}$$

が成立することは，ふつうの数やベクトルの場合とまったく同様です．いずれも証明はちいともむずかしくありませんが，念のためにひとつだけ，式(3.12)でも証明してみましょうか．なるべく単純にするために，A と B とを 2×2 行列としてみます．

$$左辺 = m(A+B) = m\left\{\begin{bmatrix} a_{11} & a_{12} \\ a_{21} & a_{22} \end{bmatrix} + \begin{bmatrix} b_{11} & b_{12} \\ b_{21} & b_{22} \end{bmatrix}\right\}$$

$$= m\begin{bmatrix} a_{11}+b_{11} & a_{12}+b_{12} \\ a_{21}+b_{21} & a_{22}+b_{22} \end{bmatrix} = \begin{bmatrix} m(a_{11}+b_{11}) & m(a_{12}+b_{12}) \\ m(a_{21}+b_{21}) & m(a_{22}+b_{22}) \end{bmatrix}$$

$$右辺 = mA + mB = m\begin{bmatrix} a_{11} & a_{12} \\ a_{21} & a_{22} \end{bmatrix} + m\begin{bmatrix} b_{11} & b_{12} \\ b_{21} & b_{22} \end{bmatrix}$$

$$= \begin{bmatrix} ma_{11} & ma_{12} \\ ma_{21} & ma_{22} \end{bmatrix} + \begin{bmatrix} mb_{11} & mb_{12} \\ mb_{21} & mb_{22} \end{bmatrix} = \begin{bmatrix} ma_{11}+mb_{11} & ma_{12}+mb_{12} \\ ma_{21}+mb_{21} & ma_{22}+mb_{22} \end{bmatrix}$$

$$= \begin{bmatrix} m(a_{11}+b_{11}) & m(a_{12}+b_{12}) \\ m(a_{21}+b_{21}) & m(a_{22}+b_{22}) \end{bmatrix}$$

となって，左辺と右辺がぴったんこです．証明おわり……．

たし算，ひき算，スカラーとのかけ算と滞りなく進んで，行列もベクトルやふつうの数と同じように演算できることがわかってきました．ふつうの数とベクトルと行列についての演算の例をひとつだけ挙げて対比してみましょうか．a, b, m などの小文字はふつうの数，つまりスカラーであり，$\vec{a}, \vec{b}$ のように矢印を冠した小文字はベクトルを，A，B などの大文字は行列を表わすことは，従前のとおりです．一例としては何でもよいのですが，たとえば

ふつうの数　$m(a+b) - ma = mb$

ベクトル　　$m(\vec{a}+\vec{b}) - m\vec{a} = m\vec{b}$

行列　　　　$m(A+B) - mA = mB$

というように対比できます．見てください．ベクトルは平面や何次元かの空間に描かれる矢印と考えても，2つ以上の数の組合せと考えてもよいし，また，行列は縦横に行儀よく配列された数の集団なのですが，そのベクトルや行列も，ふつうの数とまったく同様な

ルールで演算できるではありませんか.

けれども,これらの演算の中には,ベクトルどうしの掛け算や行列どうしのかけ算が含まれていないことに注意しなければなりません.ベクトルどうしのかけ算には,前章でご紹介したように,内積と外積の2種類があるし,とくに外積の場合には$\vec{a} \times \vec{b}$と$\vec{b} \times \vec{a}$とがまるで逆向きのベクトルになってしまうなど,ふつうの数とは同列に扱えないのです.では,行列どうしのかけ算はどうでしょうか.ベクトルでさえふつうの数のようにはいかなかったのですから,ベクトルをいくつも組み合わせたような行列ではもっと癖が悪いのではないかと,いやな予感がしないでもありませんが,以下,つぎの節のお楽しみです.

行列 × 行列

行列は縦横に整然と配列された数の集団です.純粋数学の立場からはともあれ,実際問題としては意味もなく数字が縦横に並んでいるわけではなく,なんべんも使ってきた呑んべえ3人組の飲食行列のように,数字の配列そのままで現実的な意味を持っているのが行列なのです.さて,行列と行列をかけ合わせるとは,いったいどういうことなのでしょうか.行列どうしのかけ算の意味を吟味するに先立って,かけ算のルールをずばりご紹介させていただきます.

そのルールは

$$\begin{bmatrix} a_{11} & a_{12} \\ a_{21} & a_{22} \end{bmatrix} \begin{bmatrix} b_{11} & b_{12} \\ b_{21} & b_{22} \end{bmatrix} = \begin{bmatrix} a_{11}b_{11}+a_{12}b_{21} & a_{11}b_{12}+a_{12}b_{22} \\ a_{21}b_{11}+a_{22}b_{21} & a_{21}b_{12}+a_{22}b_{22} \end{bmatrix}$$

(3.14)

なのです．いやあ，参った，目がちらついて，どれがどれやら判別いたしかねます．目がちらつく原因のいくらかは細かい添字にあるので，添字なしの記号で書き直してみましょう．

$$\begin{bmatrix} a & b \\ c & d \end{bmatrix} \begin{bmatrix} \alpha & \beta \\ \gamma & \delta \end{bmatrix} = \begin{bmatrix} a\alpha + b\gamma & a\beta + b\delta \\ c\alpha + d\gamma & c\beta + d\delta \end{bmatrix} \quad (3.15)$$

こんどは，だいぶわかりやすくなったようです．行列どうしのかけ算の仕組みは図 3.3 のようになっています．言葉で説明すると，かえってごみごみしてしまうのですが，図 3.3 のように，C の第 1 行で第 1 列の位置，つまり左上のコーナーには A の第 1 行と B の第 1 列で作られた値がきます．A の第 1 行と B の第 1 列とでその値

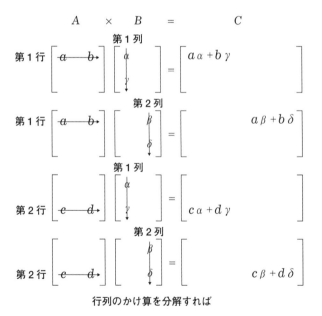

行列のかけ算を分解すれば

図 3.3

を作るには，A の第1行の矢印の順序と B の第1列の順序を尊重して，第1文字どうしの積と第2文字どうしの積とを加え合わせます．C の右上，左下，右下のコーナーにくる値についても同様です．文章で書くと余計にごちゃごちゃしてしまうので，ぜひ図3.3から行列どうしのかけ算のルールを読みとっていただくよう，おねがいします．

行列 A と行列 B とのかけ算はこのようにしてでき上がるので，A の列の数と B の行の数とは，ぜがひでも等しくなければなりません．逆にいえば，A の列の数と B の行の数とが等しければ，必ずかけ算が実行できます．たとえば

$$\begin{bmatrix} 1 & 2 & 3 \\ 4 & 5 & 6 \end{bmatrix} \begin{bmatrix} 7 & 8 \\ 9 & 10 \\ 11 & 12 \end{bmatrix}$$

$$= \begin{bmatrix} 1\times 7+2\times 9+3\times 11 & 1\times 8+2\times 10+3\times 12 \\ 4\times 7+5\times 9+6\times 11 & 4\times 8+5\times 10+6\times 12 \end{bmatrix} = \begin{bmatrix} 58 & 64 \\ 139 & 154 \end{bmatrix}$$

$$\begin{bmatrix} 1 & 2 \\ 3 & 4 \end{bmatrix} \begin{bmatrix} 0 & -1 & 2 & -3 \\ -4 & 5 & -6 & 7 \end{bmatrix}$$

$$= \begin{bmatrix} 1\times 0-2\times 4 & -1\times 1+2\times 5 & 1\times 2-2\times 6 & -1\times 3+2\times 7 \\ 3\times 0-4\times 4 & -3\times 1+4\times 5 & 3\times 2-4\times 6 & -3\times 3+4\times 7 \end{bmatrix}$$

$$= \begin{bmatrix} -8 & 9 & -10 & 11 \\ -16 & 17 & -18 & 19 \end{bmatrix}$$

という調子です．こういう調子ですから，一般に

$$i \text{ 行 } j \text{ 列の行列} \times j \text{ 行 } k \text{ 列の行列} = i \text{ 行 } k \text{ 列の行列}$$

となります．

ところで，ベクトルどうしのかけ算には内積と外積の2種類があ

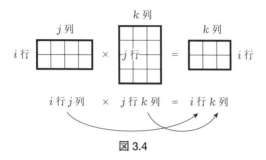

図 3.4

るのに,行列どうしのかけ算には 1 種類しかありません.82 ページあたりに書いたように,ふつうの数よりはベクトルが,ベクトルよりは行列が上位の概念であるのに,なぜ,かけ算の種類がふつうの数では 1,ベクトルでは 2,行列では 1 なのでしょうか.概念の上下の序列に従って 1,2,3 であるか,あるいは 3,2,1 となりそうなものなのに…….

この疑問については,つぎのようにでも考えておきましょうか.ふつうの数は,他の数とは無関係に独立して存在し得るのに対して,行列はいくつかの数があたかも結晶構造のように相対的な位置を確保しています.そのため,結晶構造を持たないふつうの数どうしのかけ算からはふつうの数しか生まれず,結晶構造のがっちりした行列どうしのかけ算からは親ゆずりの結晶構造を持った行列が生まれるのは,不思議ではありません.けれども,ベクトルの結晶構造は中途半端です.その結果,ベクトルどうしのかけ算には,ふつうの数に戻ってしまうのと,親ゆずりの中途半端な結晶構造を持つのとがあるというわけです.つまり,ベクトルが単に直線的な方向性を持っているのに対して,行列はがっちりした結晶構造を持っているために,行列どうしのかけ算からはスカラーに戻るような不肖

Ⅲ　ベクトルから行列へ

の子は生まれないのだ，と思っておきましょう．

かけ算法則集

i 行 j 列の行列と j 行 k 列の行列をかけ合わせると，i 行 k 列の行列になるのでした．これはこれで数学の演算のルールですから鵜呑みにするとして，このようなかけ算にどのような現象的な意味があるのでしょうか．とても気がもめるところです．けれども，行列のかけ算の現象的な意味はあと回しにして，申し訳ありませんが，行列どうしのかけ算に交換法則，結合法則，分配法則などが適用できるかどうかを，まず調べてみることにします．

交換法則は，ベクトルの外積の場合に成立しなかったいわくつきの法則ですが，行列の場合も一般には交換法則が成立しません．すなわち

$$AB \ne BA \tag{3.16}$$

です．その証拠に，たとえば

$$A = \begin{bmatrix} 0 & 1 \\ 2 & 3 \end{bmatrix} \quad B = \begin{bmatrix} -4 & 3 \\ 2 & -1 \end{bmatrix}$$

とすると

$$AB = \begin{bmatrix} 0 & 1 \\ 2 & 3 \end{bmatrix}\begin{bmatrix} -4 & 3 \\ 2 & -1 \end{bmatrix}$$
$$= \begin{bmatrix} -0 \times 4 + 1 \times 2 & 0 \times 3 - 1 \times 1 \\ -2 \times 4 + 3 \times 2 & 2 \times 3 - 3 \times 1 \end{bmatrix} = \begin{bmatrix} 2 & -1 \\ -2 & 3 \end{bmatrix}$$
$$BA = \begin{bmatrix} -4 & 3 \\ 2 & -1 \end{bmatrix}\begin{bmatrix} 0 & 1 \\ 2 & 3 \end{bmatrix}$$

$$= \begin{bmatrix} -4\times 0+3\times 2 & -4\times 1+3\times 3 \\ 2\times 0-1\times 2 & 2\times 1-1\times 3 \end{bmatrix} = \begin{bmatrix} 6 & 5 \\ -2 & -1 \end{bmatrix}$$

となって，AB と BA とはまったく別の行列ではありませんか．*

つぎは，結合法則です．行列の場合も

$$(AB)C = A(BC) \qquad \text{(結合法則)} \qquad (3.17)$$

は常に成立します．もちろん，A の列数と B の行数が等しくて A と B とをかけ合わせることができ，同様に AB と C も，B と C も，BC と A もかけ合わせることができる型をしていることが前提ですが……．

式(3.17)を一般的に証明するのはたいしてむずかしくありませんが，ごみごみしていてあまり楽しい作業ではないので，2×2 行列の実例で試してみることにしましょう．

$$A = \begin{bmatrix} a_{11} & a_{12} \\ a_{21} & a_{22} \end{bmatrix}, \quad B = \begin{bmatrix} b_{11} & b_{12} \\ b_{21} & b_{22} \end{bmatrix}, \quad C = \begin{bmatrix} c_{11} & c_{12} \\ c_{21} & c_{22} \end{bmatrix}$$

とすると

$$(AB)C = \begin{bmatrix} a_{11}b_{11}+a_{12}b_{21} & a_{11}b_{12}+a_{12}b_{22} \\ a_{21}b_{11}+a_{22}b_{21} & a_{21}b_{12}+a_{22}b_{22} \end{bmatrix} \begin{bmatrix} c_{11} & c_{12} \\ c_{21} & c_{22} \end{bmatrix}$$

---

* 2×2 行列どうしのかけ算を例にとると

$$A = \begin{bmatrix} a & b \\ c & d \end{bmatrix}, \quad B = \begin{bmatrix} \alpha & \beta \\ \gamma & \delta \end{bmatrix}$$

として，$AB = BA$ となるのは

$$a\alpha + b\gamma = a\alpha + c\beta, \quad a\beta + b\delta = b\alpha + d\beta$$
$$c\alpha + d\gamma = a\gamma + c\delta, \quad c\beta + d\delta = b\gamma + d\delta$$

が同時に成立するような関係が8つの小文字の間に存在する場合，たとえば8つの小文字がぜんぶ1であるような場合だけです．

$$= \begin{bmatrix} c_{11}(a_{11}b_{11}+a_{12}b_{21}) + c_{21}(a_{11}b_{12}+a_{12}b_{22}) \\ c_{11}(a_{21}b_{11}+a_{22}b_{21}) + c_{21}(a_{21}b_{12}+a_{22}b_{22}) \\ \quad c_{12}(a_{11}b_{11}+a_{12}b_{21}) + c_{22}(a_{11}b_{12}+a_{12}b_{22}) \\ \quad c_{12}(a_{21}b_{11}+a_{22}b_{21}) + c_{22}(a_{21}b_{12}+a_{22}b_{22}) \end{bmatrix}$$
(3.18)

$$A(BC) = \begin{bmatrix} a_{11} & a_{12} \\ a_{21} & a_{22} \end{bmatrix} \begin{bmatrix} b_{11}c_{11}+b_{12}c_{21} & b_{11}c_{12}+b_{12}c_{22} \\ b_{21}c_{11}+b_{22}c_{21} & b_{21}c_{12}+b_{22}c_{22} \end{bmatrix}$$

$$= \begin{bmatrix} a_{11}(b_{11}c_{11}+b_{12}c_{21}) + a_{12}(b_{21}c_{11}+b_{22}c_{21}) \\ a_{21}(b_{11}c_{11}+b_{12}c_{21}) + a_{22}(b_{21}c_{11}+b_{22}c_{21}) \\ \quad a_{11}(b_{11}c_{12}+b_{12}c_{22}) + a_{12}(b_{21}c_{12}+b_{22}c_{22}) \\ \quad a_{21}(b_{11}c_{12}+b_{12}c_{22}) + a_{22}(b_{21}c_{12}+b_{22}c_{22}) \end{bmatrix}$$
(3.19)

となるのですが，ここで，式(3.18)の右辺の第1行第1列

$$c_{11}(a_{11}b_{11}+a_{12}b_{21}) + c_{21}(a_{11}b_{12}+a_{12}b_{22}) \qquad (※)$$

と，式(3.19)の右辺の第1行第1列

$$a_{11}(b_{11}c_{11}+b_{12}c_{21}) + a_{12}(b_{21}c_{11}+b_{22}c_{21}) \qquad (※※)$$

を較べてみてください．

$$(※) = a_{11}b_{11}c_{11} + a_{12}b_{21}c_{11} + a_{11}b_{12}c_{21} + a_{12}b_{22}c_{21}$$
$$= a_{11}(b_{11}c_{11}+b_{12}c_{21}) + a_{12}(b_{21}c_{11}+b_{22}c_{21})$$

となって，(※)と(※※)とがまったく等しいことがわかります．同様に式(3.18)の右辺と式(3.19)の右辺を，第1行第2列どうし，第2行第1列どうし，第2行第2列どうしを較べると，いずれもぴったりと等しいことが見出され，したがって

$$(AB)C = A(BC) \qquad (3.17)と同じ$$

が成立することが確認されます．

2×2行列ばかりではなく,一般的な行列について式(3.17)が成立することを証明するには,AB の i 行め j 列めの要素は

$$a_{i1}b_{1j} + a_{i2}b_{2j} + \cdots\cdots + a_{in}b_{nj}$$

であるから,$(AB)C$ の i 行め j 列めの要素は……などと考えてゆけばよいわけで,たいしてむずかしくはありませんが,気が滅入ってしまうので,やめにします.精神の強靭な方は挑戦してみてください.

最後は,分配法則*

$$A(B + C) = AB + AC \qquad \text{(分配法則)} \qquad (3.20)$$

です.幸いなことに,行列の場合もベクトルや数の場合と同様に,常にこの法則が成立します.もちろん,B と C とは同じ型の行列でなければならず,A と B,A と C とはかけ算が可能な型でなければならないことは言うに及びません.

式(3.20)は,結合法則の式(3.17)の証明と同じようなやり方で証明することができますが,式(3.17)の証明よりはややこしくありませんから,勇を鼓してやってみましょう.

A の第 i 行第 j 列の要素を a_{ij}
B の第 i 行第 j 列の要素を b_{ij}
C の第 i 行第 j 列の要素を c_{ij}

としましょう.そうすると

---

* 詳しくいうと,分配法則には2つの種類があります.ひとつは式(3.20)のタイプで,これを乗法の加法に対する分配法則といい,他のひとつは
  $$A + (B \times C) = (A + B) \times (A + C)$$
  で,こちらは加法の乗法に対する分配法則といいます.ふつうの数では前者は成立し後者は成立しませんが,集合や論理では後者も成立するから不思議です.付録に演算法則の一覧表を載せてありますから,どうぞ…….

$B + C$ の第 i 行第 j 列の要素は　$b_{ij} + c_{ij}$

です．したがって

$$A(B + C) = \begin{bmatrix} \cdots\cdots\cdots\cdots\cdots\cdots\cdots \\ \vdots \\ a_{i1}\ a_{i2} \cdots\cdots a_{ij} \cdots\cdots a_{in} \\ \vdots \\ \cdots\cdots\cdots\cdots\cdots\cdots\cdots \end{bmatrix} \begin{bmatrix} \cdots\cdots b_{1j}+c_{1j} \cdots\cdots \\ \cdots\cdots b_{2j}+c_{2j} \cdots\cdots \\ \vdots \\ \cdots\cdots b_{ij}+c_{ij} \cdots\cdots \\ \vdots \\ \cdots\cdots b_{nj}+c_{nj} \cdots\cdots \end{bmatrix}$$

を計算することになります．そうすると，$A(B + C)$ の第 i 行第 j 列の要素は

$$a_{i1}(b_{1j} + c_{1j}) + a_{i2}(b_{2j} + c_{2j}) + \cdots\cdots + a_{ij}(b_{jj} + c_{jj})$$
$$+ \cdots\cdots + a_{in}(b_{nj} + c_{nj}) \quad ①$$

となります．いっぽう，AB の第 i 行第 j 列の要素は

$$a_{i1}b_{1j} + a_{i2}b_{2j} + \cdots\cdots + a_{ij}b_{jj} + \cdots\cdots + a_{in}b_{nj} \quad ②$$

であり，また，AC の第 i 行第 j 列の要素は

$$a_{i1}c_{1j} + a_{i2}c_{2j} + \cdots\cdots + a_{ij}c_{jj} + \cdots\cdots + a_{in}c_{nj} \quad ③$$

ですから

$$① = ② + ③$$

が明らかです．つまり，$A(B + C)$ の ij 要素と $AB + AC$ の ij 要素が等しいのです．そして，i にはどの行を，j にはどの列を当てはめてもよいのですから，結局，$A(B + C)$ と $AB + AC$ とは対応する要素がすべて等しいはずです．したがって

$$A(B + C) = AB + AC \qquad (3.20)と同じ$$

が証明できました．

だからといって，この結果からいきなり

$$(A + B)C = AC + BC \qquad (3.21)$$

も成立すると早合点してはいけません．式(3.21)が成立するかどうかは，式(3.20)とは別に確かめてみなくてはならないのです．なにせ，行列どうしのかけ算はかけ合わせる順序によって異なった値になるのですから……．けれども，幸いなことに式(3.21)の形の分配法則も成立することが，式(3.20)を証明したのと同じような手順で証明できます．

これで，行列どうしのかけ算では

$(AB)C = A(BC)$　　　　（結合法則）　　　(3.17)と同じ

$\left. \begin{array}{l} A(B+C) = AB + AC \\ (A+B)C = AC + BC \end{array} \right\}$ （分配法則）　$\begin{array}{l}(3.20)\text{と同じ}\\(3.21)\text{と同じ}\end{array}$

が成立することを知りました．たとえば行列 A と行列 B について，

$$(A + B)(A - B) = A^2 - AB + BA - B^2$$

というぐあいに，あたかもふつうの数のように計算することができます．けれども調子に乗りすぎて，右辺の $-AB$ と BA とで消し合って

$$= A^2 - B^2$$

とやっては，いけません．AB と BA とは同じではないのですから……．

不思議な行列

すみませんが，もうちょっとだけ基礎的な話に付き合っていただきます．89ページに要素がすべてゼロであるような行列を零行列

III ベクトルから行列へ

といって **0** で表わし

$$A + \mathbf{0} = A$$

であると書きました.この関係は,ふつうの数の場合と同じですから,私たちの実感とも符合します.では,行列 A に零行列 **0** をかけたらどうでしょうか.たとえば

$$\begin{bmatrix} 1 & 2 & 3 \\ 4 & 5 & 6 \end{bmatrix} \begin{bmatrix} 0 & 0 \\ 0 & 0 \\ 0 & 0 \end{bmatrix} = \begin{bmatrix} 1\times0+2\times0+3\times0 & 1\times0+2\times0+3\times0 \\ 4\times0+5\times0+6\times0 & 4\times0+5\times0+6\times0 \end{bmatrix}$$

$$= \begin{bmatrix} 0 & 0 \\ 0 & 0 \end{bmatrix}$$

というぐあいですから

$$A \times \mathbf{0} = \mathbf{0}$$

であることは明らかです.この関係も,ふつうの数の計算に慣れた私たちの実感と見事に符号しているので,なるほど零行列はふつうの数の 0 と同じ性質を持っているのだと納得がいきます.

さて,ふつうの数の場合には

$$a \times 1 = a$$

であり,このように,かけ合わせても元の値を変えないようなものは**単位元**と呼ばれます.* つまり,1 はかけ算についての単位元なのですが,では,行列のかけ算における単位元はどのようなスタイルをしているでしょうか.いいかえれば,ほかの行列にかけ合わせてもなんの変化も起こさないような行列は,どんな形をしているでしょうか.それは

---

* 数では 0 を,ベクトルでは $\vec{0}$ を,行列では **0** を加え合わせても元の値は変わりません.したがって,0 や $\vec{0}$ や **0** はたし算についての単位元です.気どっていえば,加法についての単位元です.

$$\begin{bmatrix} 1 & 0 \\ 0 & 1 \end{bmatrix}, \begin{bmatrix} 1 & 0 & 0 \\ 0 & 1 & 0 \\ 0 & 0 & 1 \end{bmatrix}$$

のような正方行列で，左上から右下への対角線上にある要素だけが1で，他の要素はぜんぶ0であるような行列です．このスタイルの行列を**単位行列**といいます．

単位行列をかけ合わせても元の行列が変化しないことを2, 3の例で確かめてみましょうか．

$$\begin{bmatrix} -5 & 4 & -3 \\ 2 & -1 & 0 \end{bmatrix} \begin{bmatrix} 1 & 0 & 0 \\ 0 & 1 & 0 \\ 0 & 0 & 1 \end{bmatrix}$$

$$= \begin{bmatrix} -5\times1+4\times0-3\times0 & -5\times0+4\times1-3\times0 & -5\times0+4\times0-3\times1 \\ 2\times1-1\times0+0\times0 & 2\times0-1\times1+0\times0 & 2\times0-1\times0+0\times1 \end{bmatrix}$$

$$= \begin{bmatrix} -5 & 4 & -3 \\ 2 & -1 & 0 \end{bmatrix}$$

$$\begin{bmatrix} a & b \\ c & d \end{bmatrix} \begin{bmatrix} 1 & 0 \\ 0 & 1 \end{bmatrix} = \begin{bmatrix} a\times1+b\times0 & a\times0+b\times1 \\ c\times1+d\times0 & c\times0+d\times1 \end{bmatrix} = \begin{bmatrix} a & b \\ c & d \end{bmatrix}$$

となって，ごらんのとおり，単位行列をかけても元の行列は少しも変わりません．

ところで，左上から右下への対角線上に1が並び，他の要素がすべて0であるような行列が単位行列で，かけ合わせても元の行列が変わらないという不思議な性質を持っているのですから，右上から左下への対角線上にだけ1が並び，他の要素が0であるような行列とか，要素のぜんぶが1であるような行列にも，おもしろい性質が秘められているかもしれません．ひとつ

Ⅲ　ベクトルから行列へ

$$\begin{bmatrix} a & b \\ c & d \end{bmatrix} \begin{bmatrix} 0 & 1 \\ 1 & 0 \end{bmatrix} = ?$$

$$\begin{bmatrix} a & b \\ c & d \end{bmatrix} \begin{bmatrix} 1 & 1 \\ 1 & 1 \end{bmatrix} = ?$$

を各人で計算してみていただけませんか．へえー，そんなものかなと，わかったようなわからないような気がします．*

　この節の最後に，行列のへんな性質をひとつ，ご紹介しましょう．つぎの計算を見てください．

$$\begin{bmatrix} 1 & 0 \\ 0 & 0 \end{bmatrix} \begin{bmatrix} 0 & 0 \\ 1 & 1 \end{bmatrix} = \begin{bmatrix} 1\times 0+0\times 1 & 1\times 0+0\times 1 \\ 0\times 0+0\times 1 & 0\times 0+0\times 1 \end{bmatrix} = \begin{bmatrix} 0 & 0 \\ 0 & 0 \end{bmatrix}$$

左辺の $\begin{bmatrix} 1 & 0 \\ 0 & 0 \end{bmatrix}$ も $\begin{bmatrix} 0 & 0 \\ 1 & 1 \end{bmatrix}$ も **0** ではありません．それにもかかわらず，この2つの行列をかけ合わせると **0** になってしまいます．つまり，行列では

　　　$A \ne \mathbf{0}, \quad B \ne \mathbf{0}$

であるのに

　　　$AB = \mathbf{0}$

という思いがけない事態が発生することがあります．ですから，$AB = \mathbf{0}$ であっても，A か B かのどちらかが零行列にちがいないと信じ込

---

* $\begin{bmatrix} a & b \\ c & d \end{bmatrix} \begin{bmatrix} 0 & 1 \\ 1 & 0 \end{bmatrix} = \begin{bmatrix} b & a \\ d & c \end{bmatrix}$

$\begin{bmatrix} a & b \\ c & d \end{bmatrix} \begin{bmatrix} 1 & 1 \\ 1 & 1 \end{bmatrix} = \begin{bmatrix} a+b & a+b \\ c+d & c+d \end{bmatrix} = \begin{bmatrix} a & b \\ c & d \end{bmatrix} + \begin{bmatrix} b & a \\ d & c \end{bmatrix}$

$\phantom{\begin{bmatrix} a & b \\ c & d \end{bmatrix} \begin{bmatrix} 1 & 1 \\ 1 & 1 \end{bmatrix}} = \begin{bmatrix} a & b \\ c & d \end{bmatrix} + \begin{bmatrix} a & b \\ c & d \end{bmatrix} \begin{bmatrix} 0 & 1 \\ 1 & 0 \end{bmatrix}$

ベクトルや行列では
ゼロでないものどうしをかけ合せると
ゼロになることがある

ではいけないのです．このような事態はふつうの数では絶対に起こりません．けれども，思い出してみると，ベクトルどうしのかけ算では

内積の大きさ　$|\vec{a}||\vec{b}|\cos\theta$

外積の大きさ　$|\vec{a}||\vec{b}|\sin\theta$

でしたから，$\vec{a}$ も $\vec{b}$ も零ベクトルでなくても，$\vec{a}$ と $\vec{b}$ との成す角 θ が $0°$ なら外積が，θ が $90°$ なら内積がゼロになってしまいます．このあたりにも，ベクトルと行列の似かよった性質を伺い知ることができるではありませんか．

かけ算の意味を探る

お待たせしました．やっと行列どうしのかけ算が現象的にどのような意味を持っているかを調べるときがきました．意味も知らずに機械的にかけ算の手順ばかりを強調されていた私たちにとって，やっと自分を取り戻す時間です．

III　ベクトルから行列へ

　行列どうしのかけ算の意味については，実は，さまざまな見方があり，つぎの章でもしつこくご紹介することになるのですが，ここでは，行列どうしのかけ算をある方角から観察してみましょう．

　ある値段のものをなん個か買うときの代金は

　　　　1個の値段×個数＝代金

で表わされます．たとえば，1杯400円のコップ酒を5杯飲めば

　　　　$400 \times 5 = 2000$（円）

の代金を支払うことになります．この考え方を発展させてゆきましょう．いま，本田君が

　　　　コップ酒　5杯

　　　　やきとり　2本

を飲んだり食ったりしたとして，この飲食ベクトルを

$$\begin{bmatrix} 5 \\ 2 \end{bmatrix}$$

で表わしましょう．いっぽう

　　　　コップ酒1杯の値段　を　400円

　　　　やきとり1本の値段　を　100円

とし，これを

$$[400 \quad 100]$$

で表わすことにします．前にも書いたように数字を縦に並べたベクトルを列ベクトル，横に並べると行ベクトルといえるのですが，なぜ，飲食ベクトルは数字を縦に並べたのに，値段のベクトルでは数字を横に並べたのでしょうか．私たちはいま，1個あたりの値段に個数をかけ合わせて代金を求めようとしているのです．そういうとき，図3.5のように1個あたりの値段を横方向に，個数を縦方向に

個数＼値段	50	60	70
1	50	60	70
2	100	120	140
3	150	180	210
4	200	240	280
5	250	300	350

1個の値段 × 個数 ＝ 代金 の計算表

図 3.5

配列して，代金を一覧表に示すのがよく使われる手です．だから，飲食ベクトルは縦に，値段ベクトルは横に数字を並べたのです．もちろん，飲食ベクトルを横に，値段ベクトルを縦にしても同じことですが，この章では，ずっと飲食ベクトルを縦に書いてきましたので，このままいくことにしましょう．

さて

$$1 \text{個の値段} \times \text{個数} = \text{代金}$$

の真似をして，コップ酒とやきとりの値段を表わす行ベクトルと，本田君の飲食ベクトルとをかけ合わせてみます．

$$\begin{bmatrix} 400 & 100 \end{bmatrix} \begin{bmatrix} 5 \\ 2 \end{bmatrix}$$

ベクトルは行列の一部にすぎませんから，行列どうしのかけ算の手順に従って，かけ算を実行してゆきましょう．

$$\begin{bmatrix} 400 & 100 \end{bmatrix} \begin{bmatrix} 5 \\ 2 \end{bmatrix} = 400 \times 5 + 100 \times 2 = 2200 (\text{円})$$

となって，この結果は本田君が支払うべき代金を見事に表わしています．つまり

$$\text{値段} \times \text{個数} = \text{代金}$$

の計算を一気にこなしてしまったのです．

つぎに，本田君と香川君が2人で呑み屋に行ったとしましょう．

2人の飲み食いが

	本田	香川
コップ酒	5	1
やきとり	2	6

であれば，2人の飲食行列は

$$\begin{bmatrix} 5 & 1 \\ 2 & 6 \end{bmatrix}$$

です．値段を表わすベクトルにこの飲食行列をかけ合わせると

$$[400 \quad 100]\begin{bmatrix} 5 & 1 \\ 2 & 6 \end{bmatrix} = [400\times 5+100\times 2 \quad 400\times 1+100\times 6]$$

$$= [2200 \quad 1000]$$

となり，本田君と香川君の代金ベクトルが現われてきました．またもや

　　　値段×個数＝代金

の計算が2人分いっしょにでき上がってしまいました．

さらに続けます．本田君と香川君の2人組が2軒の呑み屋をはしごしたのですが，飲食行列は2軒とも

$$\begin{bmatrix} 5 & 1 \\ 2 & 6 \end{bmatrix}$$

であったとします．ただし，1軒めの酒場ミランと2軒めの酒場ドルトムントでは値段が異なり

	コップ酒	やきとり
ミラン	400円	100円
ドルトムント	350円	150円

であるとします．すなわち，値段行列は

$$\begin{bmatrix} 400 & 100 \\ 350 & 150 \end{bmatrix}$$

です．この値段行列に飲食行列をかけ合わせると

$$\begin{bmatrix} 400 & 100 \\ 350 & 150 \end{bmatrix} \begin{bmatrix} 5 & 1 \\ 2 & 6 \end{bmatrix} = \begin{bmatrix} 400\times5+100\times2 & 400\times1+100\times6 \\ 350\times5+150\times2 & 350\times1+150\times6 \end{bmatrix}$$

$$= \begin{bmatrix} 2200 & 1000 \\ 2050 & 1250 \end{bmatrix}$$

となりますが，これがまさに

	本田の代金	香川の代金
ミラン	2200 円	1000 円
ドルトムント	2050 円	1250 円

を表わしていることは明らかです．またまた

　　　値段×個数＝代金

の計算を，本田君と香川君が酒場ミランと酒場ドルトムントに支払う金額に区分して，一挙にやっつけてしまった……．

まとめて面倒みる

　もうひとつの例を挙げましょう．前節までは呑んべえの話ばかりでしたので，こんどは甘党に転じます．そして，こんどは

　　　1個の値段×個数＝代金

の関係と同時に

　　　1個の重さ×個数＝全体の重さ

III ベクトルから行列へ

も扱ってしまおうというのです．うまくいきましたら，ご喝采を……！

ある和菓子屋で売っているヨウカンとクリマンとモナカの値段と重さは

	ヨウカン	クリマン	モナカ
1個の値段	150 円	200 円	100 円
1個の重さ	40g	30g	20g

なので，これをひとつの行列

$$\begin{bmatrix} 150 & 200 & 100 \\ 40 & 30 & 20 \end{bmatrix} \qquad (※)$$

で表わします．この和菓子屋では，これらを詰め合わせて贈答用品にしているのですが，和菓子の組合せによって「松」「竹」「梅」の3種の箱詰めを作っています．松，竹，梅に詰め合わせる個数は，つぎのとおりです．

	松	竹	梅
ヨウカン	4	4	4
クリマン	8	6	4
モナカ	4	4	6

詰合せの個数もまた，ひとつの行列

$$\begin{bmatrix} 4 & 4 & 4 \\ 8 & 6 & 4 \\ 4 & 4 & 6 \end{bmatrix} \qquad (※※)$$

で表わすことにします．

値段と重さの行列では，ヨウカン，クリマン，モナカの順で横に

並んでいるのに，個数の行列では，ヨウカン，クリマン，モナカの順で縦に並んでいるのはなぜか，ですって？

私たちはいま，値段に個数をかけて代金を求めたり，1個の重さに個数をかけて全体の重さを計算したりしようとしているのです．こういうときには，108ページの図3.5のように，値段と個数とを横方向と縦方向に配列する必要があり，1個の重さと個数についても同様だからです．

さて，「松」「竹」「梅」それぞれの価格と重さを求めるには，価格と重さの行列（※）と個数の行列（※※）とをかけ合わせればよいはずです．2つの行列をかけ合わせると

$$\begin{bmatrix} 150 & 200 & 100 \\ 40 & 30 & 20 \end{bmatrix} \begin{bmatrix} 4 & 4 & 4 \\ 8 & 6 & 4 \\ 4 & 4 & 6 \end{bmatrix} = \begin{bmatrix} 2600 & 2200 & 2000 \\ 480 & 420 & 400 \end{bmatrix}$$

となります．計算の過程を省略してしまいましたので，気になる方は自ら確かめていただくとして，このかけ算の結果が

	松	竹	梅
代金	2600 円	2200 円	2000 円
重さ	480g	420g	400g

を表わしていることは明らかです．ご喝采……！

前の節では

  1個の値段×個数＝代金

の計算を，本田君と香川君が酒場ミランと酒場ドルトムントに支払う金額に区分して，一挙にやってのけました．そして，この節では

  1個の値段×個数＝代金

Ⅲ　ベクトルから行列へ

　　　　1 個の重さ × 個数 = 全体の重さ

の両方を，松，竹，梅の 3 種について，まとめて計算してしまいました．こうしてみると，行列どうしのかけ算は，ふつうの数のかけ算をまとめて面倒みているのだと言うことができそうです．つまり，行列のかけ算はふつうの数どうしのかけ算より，ずっと一般的で幅広い意味をもっていると言えるでしょうし，逆の見方をすれば，ふつうの数どうしのかけ算は，1×1 行列どうしのかけ算であり，行列どうしのかけ算のうちの，ごく特殊な一部分にすぎないと考えることもできるでしょう．

　数ページを費やして行列どうしのかけ算の現象的な意味を探ってきました．そして，ふつうの数どうしのかけ算をまとめて面倒みる機能を持っていることを知りました．けれども，行列どうしのかけ算は，もっとすばらしい機能を持っていて，それは幻想的な数学の世界を創り出すのです．つぎの章へどうぞ……．

Ⅳ 一次変換を退治する

鏡に写るわが姿

　私ごとの話で恐縮ですが，私の一人娘がまだ幼かったころ，友人のひとりが私と娘の顔を見較べてケラケラと笑うのです．なにがおかしいのかと思ったら，私と娘が似ているのでおかしいと言うのです．親と娘が似ていなければ，これは，おかしくて問題ですが，似ていればおかしくはないはずなのに，バカな友人です．親と子とは不思議にどこか似ているものですが，第三者にとっては，何十歳も年齢のちがう2人が似ていることに奇妙な感じを抱くのかもしれません．

　親と子の顔も似てはいますが，自分の顔がもっともよく似ているのは，なんといっても鏡に写った自分の顔です．鏡に写った自分の姿は自分とそっくりですが，けれども周知のように，右と左が反対です．自分が右手を挙げれば鏡の中の自分は左の手を挙げるし，男性の衣服は右前に重なるはずなのに，鏡の中では女性の衣服のように左前

IV 一次変換を退治する

に重なってしまいます．ここが写真とは決定的に異なるところです．

ところで，鏡に写った自分の姿は左右が反対なのに，どうして上下が逆にならないのでしょうか．よく考えてください．これはスフィンクス以来の難問です．よほどの学識経験者でも，とっさには答えられないくらいの難問ですから，知ったかぶりのキザ野郎に質問して困らせてやってください．

この難問を解くヒントを与えているのが図 4.1 です．人間の代りに三角形 abc が描いてあります．人間は左右が対称でわかりにくいので，上下左右の区別がはっきりした三角形 abc で代用させたのです．図をよく見てください．まず，y 軸に対称に三角形 abc を移動させると a は a′ に，b は b′ に，c は c′ に移るので，三角形 abc

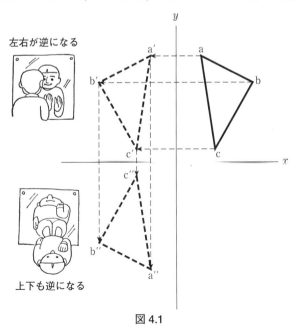

図 4.1

は三角形 a'b'c' となります．こうしてできた三角形，つまり y 軸に対称に移動してできた三角形 a'b'c' は，元の三角形 abc と較べて左右は反対ですが，上下は反対ではありません．これが鏡に向かって正対したときに写る自分の姿です．

つぎに，三角形 a'b'c' を x 軸に対称に移動してみましょう．すると，a' は a'' に，b' は b'' に，c' は c'' に移るので，三角形 a'b'c' は三角形 a''b''c'' になります．この三角形は元の三角形 abc と較べると左右が反対であるばかりか，上下も反対になっています．これは，鏡に向かって正対したまま後向きに倒れて仰向けに寝たとき鏡に写る自分の姿に相当します．腹が出ている方は見にくいかもしれませんが，頭を少し起こして鏡に写る自分の姿を見たと思っていただきましょう．足が手前に，頭が先方にありますから上下が反対ですし，また，右手を挙げると鏡の中の自分は左手を挙げていますから，左右も反対なのです．

図 4.1 は，鏡に写る自分の姿は左右が反対なのに，なぜ上下が反対ではないのか，という質問に最後まで答えているわけではありません．この難問に答えるには，左右と上下ばかりではなく，前後の関係も考慮に入れてしつこく，しつこく考察してゆく必要があり，とても紙面の都合が許しませんから，興味のある方は脚注*の文献を見ていただきたいと思います．図 4.1 は，この難問に答えるためのヒントを提供したにすぎず，中途半端で申し訳ありませんが，お

---

* マーティン・ガードナー著『新版 自然界における左と右』（紀伊國屋書店）の中に，かなりのページを割いてこの難問の答が紹介されています．私たちは鏡の中の像は左右が反対になると思っているけれど，実は，左右が反対なのではなく，前後が反対になっているというのが真相なのだ，そうです．

許しください.

一次変換ということ

鏡に写る姿を説明するために前節で行なった y 軸や x 軸に対称な図形の移動について,もう少し詳しく調べてみようと思います.

まずは,図 4.2 のような y 軸に対称な図形の移動です. (x, y) にあった点 P が y 軸に対称な移動をして点 P′ に移ったとして,点 P′ の座標を (x', y') とすると

$$\left.\begin{array}{l} x' = -x \\ y' = y \end{array}\right\} \quad (4.1)$$

であることは明らかです. P と P′ とでは y 軸方向の高さは等しく, x 軸方向では正負が反対になっているからです.

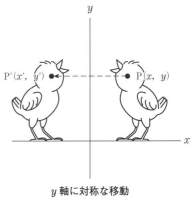

y 軸に対称な移動

図 4.2

同様に, x 軸に対して対称に図形を移動させて,点 P(x, y) が点 P′(x', y') に移ったとすると

$$\left.\begin{array}{l} x' = x \\ y' = -y \end{array}\right\} \quad (4.2)$$

であることは,簡単ですから各人で図を描いて確かめてください.

つぎに, $y = x$ の直線,つまり原点を通って 45°の傾きを持つ直線を考え,この直線に対称に図形を移動してみます. 図 4.3 のように (x, y) にあった点 P が $y = x$ の直線に対称に移動して点 P′(x', y')

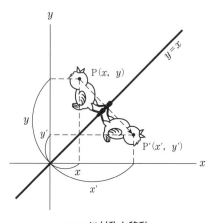

$y=x$ に対称な移動

図 4.3

に移ったとしましょう. 図をひと睨みしていただければわかるように

$$\left.\begin{array}{l} x' = y \\ y' = x \end{array}\right\} \quad (4.3)$$

となっています. いいかえれば, このルールに従って点 $P(x,y)$ を (x',y') へ移動させると, 点 P は $y = x$ の直線を越えて対称の位置に移ることになります.

さらに, もういっちょう……これで終りですから, かんにんしてください. 図4.4のように,

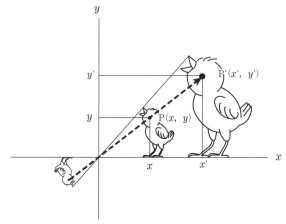

原点を通る直線上での拡大と縮小

図 4.4

Ⅳ 一次変換を退治する

原点を中心にして k 倍に図形を拡大したらどうでしょうか．図では，ちょうど2倍に拡大してありますが，一般的に k 倍してあると思っていただきます．そうすると

$$\left.\begin{array}{l} x' = kx \\ y' = ky \end{array}\right\} \quad (4.4)$$

であることに，どなたも異議は申し立てられないでしょう．図4.4には，左下のほうに $-1/2$ 倍した哀れなヒヨコも描かれていますから，k が正の値でなく負の値の場合でも，式(4.4)が成立することを賢察していただけることと信じます．さて，式(4.1)から式(4.4)までを一堂に集めてみます．

$$\left\{\begin{array}{l} x' = -x \\ y' = y \end{array}\right\} \quad (4.1) と同じ$$

$$\left\{\begin{array}{l} x' = x \\ y' = -y \end{array}\right\} \quad (4.2) と同じ$$

$$\left\{\begin{array}{l} x' = y \\ y' = x \end{array}\right\} \quad (4.3) と同じ$$

$$\left\{\begin{array}{l} x' = kx \\ y' = ky \end{array}\right\} \quad (4.4) と同じ$$

いろいろありますが，これらの式のどれもが包含されるような一般的な形の式は

$$\left.\begin{array}{l} x' = a_{11}x + a_{12}y \\ y' = a_{21}x + a_{22}y \end{array}\right\} \quad (4.5)$$

です．たとえば，式(4.1)は，一般的な表現の式(4.5)のうち，a_{11} が -1，a_{12} が 0，a_{21} も 0，a_{22} が 1 に相当するような特別な場合であったと考えられます．x-y 座標上の図形が式(4.5)のルールに従って

移し変えられるようなとき，その移し変えを**一次変換**と呼んでいます．つまり，原点を通る直線に対称に図形を移動させたり，* 原点を中心にして図形を拡大や縮小させると，それは一次変換なのです．そして，一時変換のしかたは，式(4.5)のうちの

$$\begin{bmatrix} a_{11} & a_{12} \\ a_{21} & a_{22} \end{bmatrix}$$

によって決まってしまうことは明らかです．で，この行列を一次変換を表わす行列と言います．つまり，y軸に対称な一次変換を表わす行列は

$$\begin{bmatrix} -1 & 0 \\ 0 & 1 \end{bmatrix}$$

であり，$y = x$に対称な一次変換は

$$\begin{bmatrix} 0 & 1 \\ 1 & 0 \end{bmatrix}$$

で，また原点を中心とする拡大縮小は

$$\begin{bmatrix} k & 0 \\ 0 & k \end{bmatrix}$$

で特徴づけられていることになります．

---

* y軸に対称な移動は式(4.1)で，x軸に対称な移動は式(4.2)で，また，$y = x$に対称な移動は式(4.3)で表わされるので，いずれも式(4.5)で特徴づけられた一次変換のひとつであることに異存はありませんが，この3つの例だけで「原点を通る直線に対称に……」ときめつけるのは危険ではないか，原点を通る直線なら傾きがいくらであってもよいという保証があるのかと，ご心配のむきもあるかと思います．だいじょうぶです．原点を通る直線であれば傾きがいくらであっても，その直線に対称な移動は一次変換になります．詳しくは236ページの付録に書いておきました．

Ⅳ 一次変換を退治する

なお，ここでは x と y だけの，つまり2次元の場合の一次変換をご紹介してきましたが，3次元以上になっても理くつは同じです．たとえば，3次元の一次変換は

$$\begin{cases} x' = a_{11}x + a_{12}y + a_{13}z \\ y' = a_{21}x + a_{22}y + a_{23}z \\ z' = a_{31}x + a_{32}y + a_{33}z \end{cases}$$

で表わされ，これを特徴づける行列は

$$\begin{bmatrix} a_{11} & a_{12} & a_{13} \\ a_{21} & a_{22} & a_{23} \\ a_{31} & a_{32} & a_{33} \end{bmatrix}$$

というように，です．

ダブルの一次変換

前節で，点 $\mathrm{P}(x, y)$ から点 $\mathrm{P}'(x', y')$ に移動するとき，(x, y) と (x', y') との間が

$$\left. \begin{aligned} x' &= a_{11}x + a_{12}y \\ y' &= a_{21}x + a_{22}y \end{aligned} \right\} \quad (4.5)\text{と同じ}$$

の関係にあれば，その移動を一次変換といい，その一次変換の有様は

$$\begin{bmatrix} a_{11} & a_{12} \\ a_{21} & a_{22} \end{bmatrix}$$

で特徴づけられていると書きました．ここで，点 P の位置を表わす座標 (x, y) と点 P' の位置を表わす (x', y') とは，いずれも数値の組合せですから，ベクトルとみなすことができます．そこで，点 P と点 P' を表わす位置ベクトルを

$$\begin{bmatrix} x \\ y \end{bmatrix} \, と \, \begin{bmatrix} x' \\ y' \end{bmatrix}$$

と書いてしまいます. そうすると, うまいぐあいに

$$\begin{bmatrix} x' \\ y' \end{bmatrix} = \begin{bmatrix} a_{11} & a_{12} \\ a_{21} & a_{22} \end{bmatrix} \begin{bmatrix} x \\ y \end{bmatrix} = \begin{bmatrix} a_{11}x + a_{12}y \\ a_{21}x + a_{22}y \end{bmatrix}$$

$$\therefore \begin{cases} x' = a_{11}x + a_{12}y \\ y' = a_{21}x + a_{22}y \end{cases} \quad (4.5)と同じ$$

が成立していることに気がつきます.* つまり, 点 P の位置ベクトルに一次変換を特徴づける行列をかけると, 点 P′ の位置ベクトルになってしまうのです.

もういちど書きます.

$$\begin{bmatrix} x' \\ y' \end{bmatrix} = \begin{bmatrix} a_{11} & a_{12} \\ a_{21} & a_{22} \end{bmatrix} \begin{bmatrix} x \\ y \end{bmatrix} \tag{4.6}$$

これを, 具体的な例に応用してみましょう. $(x = 3, y = 5)$ にある点を y 軸に対称に移動します. y 軸に対称な一次変換の行列は

$$\begin{bmatrix} -1 & 0 \\ 0 & 1 \end{bmatrix}$$

でしたから

$$\begin{bmatrix} x' \\ y' \end{bmatrix} = \begin{bmatrix} -1 & 0 \\ 0 & 1 \end{bmatrix} \begin{bmatrix} 3 \\ 5 \end{bmatrix} = \begin{bmatrix} -1 \times 3 + 0 \times 5 \\ 0 \times 3 + 1 \times 5 \end{bmatrix} = \begin{bmatrix} -3 \\ 5 \end{bmatrix} \tag{4.7}$$

となって, 図 4.5 と照合していただくとちゃんと答が合っていることが確認できます.

---

* 34 ページにも書いたように, 2 つのベクトルが等しいとは, 両方のベクトルの対応する成分どうしがすべて等しいことを意味しているのでした.

Ⅳ 一次変換を退治する

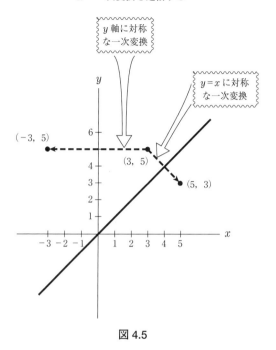

図 4.5

つぎは，(3, 5) を $y = x$ の直線に対称に移動してみましょうか．この一次変換の行列は

$$\begin{bmatrix} 0 & 1 \\ 1 & 0 \end{bmatrix}$$

でしたから

$$\begin{bmatrix} x' \\ y' \end{bmatrix} = \begin{bmatrix} 0 & 1 \\ 1 & 0 \end{bmatrix} \begin{bmatrix} 3 \\ 5 \end{bmatrix} = \begin{bmatrix} 0 \times 3 + 1 \times 5 \\ 1 \times 3 + 0 \times 5 \end{bmatrix} = \begin{bmatrix} 5 \\ 3 \end{bmatrix} \quad (4.8)$$

というぐあいです．これも図 4.5 と照合して答が合っていることを確かめてください．

ここで，一次変換を連続して行なうとどうなるかを調べてみようと思います．ふつうの参考書ではこういう場合，まず一般的議論を進めたあとで具体例を紹介するのですが，そして，そのほうがオーソドックスないき方であることに異存はありませんが，しかし私のような単純バカにとっては，まず具体的な実例を見せてもらってからでないと一般的な理論がわかりにくいので，なにはともあれ，ひとつの具体例から話をスタートすることにします．

　$(x = 3, y = 5)$にある点Pをまずy軸に対称に変換し，つづいて$y = x$の直線に対称な位置へ移してみましょう．まず，y軸に対称に変換したときの位置$P'(x', y')$は

$$\begin{bmatrix} x' \\ y' \end{bmatrix} = \begin{bmatrix} -1 & 0 \\ 0 & 1 \end{bmatrix} \begin{bmatrix} 3 \\ 5 \end{bmatrix}$$

となることは，式(4.7)のとおりです．つづいて，$y = x$の直線に対称に移動したときの位置$P''(x'', y'')$は

$$\begin{bmatrix} x'' \\ y'' \end{bmatrix} = \begin{bmatrix} 0 & 1 \\ 1 & 0 \end{bmatrix} \begin{bmatrix} x' \\ y' \end{bmatrix}$$

であるはずなので

$$= \begin{bmatrix} 0 & 1 \\ 1 & 0 \end{bmatrix} \begin{bmatrix} -1 & 0 \\ 0 & 1 \end{bmatrix} \begin{bmatrix} 3 \\ 5 \end{bmatrix}$$

$$= \begin{bmatrix} 0\times(-1)+1\times 0 & 0\times 0+1\times 1 \\ 1\times(-1)+0\times 0 & 1\times 0+0\times 1 \end{bmatrix} \begin{bmatrix} 3 \\ 5 \end{bmatrix} = \begin{bmatrix} 0 & 1 \\ -1 & 0 \end{bmatrix} \begin{bmatrix} 3 \\ 5 \end{bmatrix}$$

(4.9)

で表わされることになります．つまり，一次変換を連続して行なったときの行列は，それぞれの行列をかけ合わせて得られることがわかります．上の計算をさらに続けると

IV 一次変換を退治する

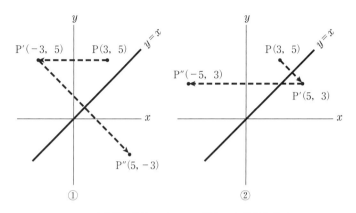

一次変換の順序によって，異なった結果となる

図 4.6

$$\begin{bmatrix} x'' \\ y'' \end{bmatrix} = \begin{bmatrix} 0 & 1 \\ -1 & 0 \end{bmatrix} \begin{bmatrix} 3 \\ 5 \end{bmatrix} = \begin{bmatrix} 0 \times 3 + 1 \times 5 \\ -1 \times 3 + 0 \times 5 \end{bmatrix} = \begin{bmatrix} 5 \\ -3 \end{bmatrix} \quad (4.10)$$

となりますから，点 P(3, 5) をまず y 軸に対称に，つづいて $y = x$ の直線に対称に移動させると，点 P″(5, −3) の位置に移ることがわかります．この移動を図示したのが図 4.6 の①です．図に描いてみれば，なんでもありません．

つぎに，点 P(3, 5) をまず $y = x$ の直線に対称に移動してからのち，y 軸に対称に移動させてみましょう．移動の順序を逆にしてみるのです．そうすると

y 軸に対称な一次変換の行列は $\begin{bmatrix} -1 & 0 \\ 0 & 1 \end{bmatrix}$

$y = x$ に対称な一次変換の行列は $\begin{bmatrix} 0 & 1 \\ 1 & 0 \end{bmatrix}$

であることを思い出せば

$$\begin{bmatrix} x'' \\ y'' \end{bmatrix} = \begin{bmatrix} -1 & 0 \\ 0 & 1 \end{bmatrix} \begin{bmatrix} x' \\ y' \end{bmatrix}$$

$$= \begin{bmatrix} -1 & 0 \\ 0 & 1 \end{bmatrix} \begin{bmatrix} 0 & 1 \\ 1 & 0 \end{bmatrix} \begin{bmatrix} 3 \\ 5 \end{bmatrix} = \begin{bmatrix} 0 & -1 \\ 1 & 0 \end{bmatrix} \begin{bmatrix} 3 \\ 5 \end{bmatrix} = \begin{bmatrix} -5 \\ 3 \end{bmatrix}$$
(4.11)

となってしまいます.y軸に対称に移動してから$y = x$に対称に移したときの式(4.9)の結果と見比べてください.移動の順序を入れ換えると,まるで異なる結果になってしまうことがわかります.いまの例を図に描いてみると,$y = x$に対称に移動してからy軸に対称に移した結果は図4.6の②のようになり,さきほどの①と大ちがいであることが一目瞭然です.

図で見るとそのとおりなのですが,計算式のほうからはどうでしょうか.2回連続の一次変換の行列は,それぞれの一次変換の行列をかけ合わせてできているのに,なぜ異なった結果になったのでしょうか.それは

$$\begin{bmatrix} 0 & 1 \\ 1 & 0 \end{bmatrix} \begin{bmatrix} -1 & 0 \\ 0 & 1 \end{bmatrix} = \begin{bmatrix} 0 & 1 \\ -1 & 0 \end{bmatrix} \qquad \text{(4.9)の一部}$$

$$\begin{bmatrix} -1 & 0 \\ 0 & 1 \end{bmatrix} \begin{bmatrix} 0 & 1 \\ 1 & 0 \end{bmatrix} = \begin{bmatrix} 0 & -1 \\ 1 & 0 \end{bmatrix} \qquad \text{(4.11)の一部}$$

であって,2つの行列をかけ合わせる順序によって異なった行列になってしまうからです.97ページにも書いたように,行列どうしのかけ算では一般に

$$AB \neq BA \qquad \qquad \text{(3.16)と同じ}$$

であることを改めて想起させられるではありませんか.

具体的な例をご紹介したので，こんどは一般的な記述をしなければなりません．第1回めの一次変換が

$$\begin{bmatrix} x' \\ y' \end{bmatrix} = \begin{bmatrix} a_{11} & a_{12} \\ a_{21} & a_{22} \end{bmatrix} \begin{bmatrix} x \\ y \end{bmatrix} \tag{4.12}$$

で表わされ，第2回めの一次変換が

$$\begin{bmatrix} x'' \\ y'' \end{bmatrix} = \begin{bmatrix} b_{11} & b_{12} \\ b_{21} & b_{22} \end{bmatrix} \begin{bmatrix} x' \\ y' \end{bmatrix} \tag{4.13}$$

で表わされるとき，第1回めと第2回めの一次変換を連続して実施した結果は

$$\begin{bmatrix} x'' \\ y'' \end{bmatrix} = \begin{bmatrix} b_{11} & b_{12} \\ b_{21} & b_{22} \end{bmatrix} \begin{bmatrix} a_{11} & a_{12} \\ a_{21} & a_{22} \end{bmatrix} \begin{bmatrix} x \\ y \end{bmatrix} \tag{4.14}$$

となります．そして

$$= \begin{bmatrix} b_{11}a_{11} + b_{12}a_{21} & b_{11}a_{12} + b_{12}a_{22} \\ b_{21}a_{11} + b_{22}a_{21} & b_{21}a_{12} + b_{22}a_{22} \end{bmatrix} \begin{bmatrix} x \\ y \end{bmatrix}$$

ですから，すなわち

$$\begin{bmatrix} x'' \\ y'' \end{bmatrix} = \begin{bmatrix} (b_{11}a_{11} + b_{12}a_{21})x + (b_{11}a_{12} + b_{12}a_{22})y \\ (b_{21}a_{11} + b_{22}a_{21})x + (b_{21}a_{12} + b_{22}a_{22})y \end{bmatrix}$$

であり，したがって

$$\left. \begin{array}{l} x'' = (b_{11}a_{11} + b_{12}a_{21})x + (b_{11}a_{12} + b_{12}a_{22})y \\ y'' = (b_{21}a_{11} + b_{22}a_{21})x + (b_{21}a_{12} + b_{22}a_{22})y \end{array} \right\} \tag{4.15}$$

という次第です．この形は式(4.5)で定義された一次変換と同形です．つまり，つぎのように言うことができます．

「行列 A で表わされる一次変換にひきつづいて行列 B で表わされる一次変換を行なった結果は，行列 BA で表わされる一次変換を行なった結果と等しい．」

ながながと一次変換の話をしてきました．こんなややこしい話になんで付き合わされるのだろうと疑問にお思いでしょうが，ここが肝腎なところです．行列どうしのかけ算の意味については，前章でもその現象的な一面をご紹介したのでしたが，連続した一次変換に現われた行列どうしのかけ算に，実は，行列どうしのかけ算の真価が秘められていて，「行列」が数学の遊びから脱皮して自然科学や社会科学の解明に大活躍することとなるのです．その実例をつぎの節でお目にかけましょう．

マルコフ過程のはなし

X紙とY紙という二大新聞があるとしましょう．おもしろいことにX紙の読者は堅く，1カ月後にY紙にのりかえる人は僅か10%で，90%の人はX紙を継続して購入しています．それに対して，Y紙の読者はいくらか浮気性で，1カ月後には30%の人がX紙にのりかえてしまい，Y紙を継続する人は70%であることが，調査の結果わかっています．現在X紙の市場占有率が40%，Y紙の市場占有率が60%なのですが，4カ月後の市場占有率はどうなっているでしょうか．

ごみごみしているので，整理して書くと

$$\text{X紙の読者は1カ月後に} \begin{cases} 0.9 \text{ は X 紙} \\ 0.1 \text{ は Y 紙} \end{cases}$$

$$\text{Y紙の読者は1カ月後に} \begin{cases} 0.3 \text{ は X 紙} \\ 0.7 \text{ は Y 紙} \end{cases}$$

というわけですから

X紙の市場占有率　を　x

Ⅳ 一次変換を退治する

　　Y紙の市場占有率　を　y

とし，1カ月後のX紙とY紙の市場占有率を x', y' とすれば

$$\left.\begin{array}{l} x' = 0.9x + 0.3y \\ y' = 0.1x + 0.7y \end{array}\right\} \quad (4.16)$$

で表わされます．X紙の1カ月後の市場占有率 x' は，現在のX紙の市場占有率 x の9割とY紙の市場占有率 y の3割とをいただくことになるからです．式(4.16)を見てください．これは，まさに一次変換であり

$$\begin{bmatrix} x' \\ y' \end{bmatrix} = \begin{bmatrix} 0.9 & 0.3 \\ 0.1 & 0.7 \end{bmatrix} \begin{bmatrix} x \\ y \end{bmatrix} \quad (4.17)$$

と書き表わすことができます．

　あとは一しゃ千里です．2カ月後のX紙とY紙の市場占有率を x'', y'' とすれば

$$\begin{aligned} \begin{bmatrix} x'' \\ y'' \end{bmatrix} &= \begin{bmatrix} 0.9 & 0.3 \\ 0.1 & 0.7 \end{bmatrix} \begin{bmatrix} 0.9 & 0.3 \\ 0.1 & 0.7 \end{bmatrix} \begin{bmatrix} x \\ y \end{bmatrix} \\ &= \begin{bmatrix} 0.9 \times 0.9 + 0.3 \times 0.1 & 0.9 \times 0.3 + 0.3 \times 0.7 \\ 0.1 \times 0.9 + 0.7 \times 0.1 & 0.1 \times 0.3 + 0.7 \times 0.7 \end{bmatrix} \begin{bmatrix} x \\ y \end{bmatrix} \\ &= \begin{bmatrix} 0.84 & 0.48 \\ 0.16 & 0.52 \end{bmatrix} \begin{bmatrix} x \\ y \end{bmatrix} \quad (4.18) \end{aligned}$$

となるし，3カ月後のX紙とY紙の市場占有率を x''', y''' とすれば

$$\begin{aligned} \begin{bmatrix} x''' \\ y''' \end{bmatrix} &= \begin{bmatrix} 0.9 & 0.3 \\ 0.1 & 0.7 \end{bmatrix} \begin{bmatrix} 0.84 & 0.48 \\ 0.16 & 0.52 \end{bmatrix} \begin{bmatrix} x \\ y \end{bmatrix} \\ &= \begin{bmatrix} 0.804 & 0.588 \\ 0.196 & 0.412 \end{bmatrix} \begin{bmatrix} x \\ y \end{bmatrix} \quad (4.19) \end{aligned}$$

さらに，4カ月後の市場占有率 x'''' と y'''' は

$$\begin{bmatrix} x'''' \\ y'''' \end{bmatrix} = \begin{bmatrix} 0.9 & 0.3 \\ 0.1 & 0.7 \end{bmatrix} \begin{bmatrix} 0.804 & 0.588 \\ 0.196 & 0.412 \end{bmatrix} \begin{bmatrix} x \\ y \end{bmatrix}$$

$$= \begin{bmatrix} 0.7824 & 0.6528 \\ 0.2176 & 0.3472 \end{bmatrix} \begin{bmatrix} x \\ y \end{bmatrix} \quad (4.20)$$

と，さいげんなく計算することができます．

さて，問題に戻ると，現在の市場占有率 x と y は

$x = 0.4, \quad y = 0.6$

なのですから，これを上の式に入れると

$$\begin{bmatrix} x'''' \\ y'''' \end{bmatrix} = \begin{bmatrix} 0.7824 & 0.6528 \\ 0.2176 & 0.3472 \end{bmatrix} \begin{bmatrix} 0.4 \\ 0.6 \end{bmatrix}$$

$$= \begin{bmatrix} 0.7824 \times 0.4 + 0.6528 \times 0.6 \\ 0.2176 \times 0.4 + 0.3472 \times 0.6 \end{bmatrix} = \begin{bmatrix} 0.70464 \\ 0.29536 \end{bmatrix} \fallingdotseq \begin{bmatrix} 0.7 \\ 0.3 \end{bmatrix}$$

となり，4カ月後にはX紙とY紙の市場占有率が逆転して，X紙が約70%，Y紙は約30%を占有することになります．

ついでに，X紙とY紙の市場占有率の現在，1カ月後，2カ月後，3カ月後の値を式(4.17)，式(4.18)，式(4.19)の x に0.4，y に0.6を代入して求め，グラフに描くと図4.7ができ上がります．このような計算をすいすいとやってのけるところに行列の便利さが現われているではありませんか．さらに，長年月たった後の両紙の市場占有率は

$$\begin{cases} 0.9x + 0.3y = x \\ 0.1x + 0.7y = y \\ x + y = 1 \end{cases}$$

を連立させて解き

$x = 0.75$

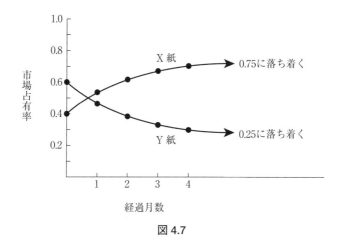

図 4.7

$$y = 0.25$$

であることもわかるのですが，なぜこの連立方程式を解けば長年月後の状態がわかるのかの理由については，少し専門的になりすぎるので，ここでは省略させていただきます．* この例のように，一定の確率での一次変換がつぎつぎと繰り返されてゆく過程は**マルコフ過程**と名づけられ，自然科学や社会科学の中で各所に利用されていることを付け加えて，この節を終わりましょう．

社会科学を背負う行列

前節の例では，2種の新聞の市場占有率を例に使ったのですが，現実の社会現象はもっと複雑な場合が少なくありません．たとえ

---

* 『確率のはなし【改訂版】』の224〜238ページに，似たような例をいくつか使って，もう少し詳しく説明してあります．

表 4.1 1年間の人口移動の割合

移動元＼移動先	R県	S県	T県	U県
R県	0.80	0.05	0.10	0.05
S県	0.15	0.70	0.15	0.00
T県	0.02	0.00	0.90	0.08
U県	0.10	0.20	0.10	0.60

ば，つぎのような例がいくらでもあるからです．ある国に4つの県があるとしましょう．4つの県 R, S, T, U では互いに人口の出入があるのですが，その有様は表 4.1 のようであることがわかっています．すなわち，1年後に R 県の人口の 80% は R 県に残っていて，5% は S 県へ，10% は T 県へ，5% は U 県に移動し，S 県の人口は 1 年後には R 県と T 県へそれぞれ 15% ずつ流出し，残りの 70% は S 県に留っている……というように表を読んでください．この国の全人口のうち R, S, T, U の各県が占める人口の割合を r, s, t, u とし，1年後のそれを r', s', t', u' とすると

$$\left.\begin{aligned} r' &= 0.80r + 0.15s + 0.02t + 0.10u \\ s' &= 0.05r + 0.70s + 0.20u \\ t' &= 0.10r + 0.15s + 0.90t + 0.10u \\ u' &= 0.05r + 0.08t + 0.60u \end{aligned}\right\} \quad (4.21)$$

となるはずです．いちばん上の式は，1年後のR県の人口が，現在のR県の人口の 80% と S 県の人口の 15% と T 県の人口の 2% と U 県の人口の 10% とで構成されていることを表わし，以下同様，だからです．

ところで，この式 (4.21) は明らかに一次変換の式であり

$$\begin{bmatrix} r' \\ s' \\ t' \\ u' \end{bmatrix} = \begin{bmatrix} 0.80 & 0.15 & 0.02 & 0.10 \\ 0.05 & 0.70 & 0.00 & 0.20 \\ 0.10 & 0.15 & 0.90 & 0.10 \\ 0.05 & 0.00 & 0.08 & 0.60 \end{bmatrix} \begin{bmatrix} r \\ s \\ t \\ u \end{bmatrix} \quad (4.22)$$

Ⅳ 一次変換を退治する

で書き表わすことができます．

さらに，もし2年めの人口移動を表わす行列が

$$\begin{bmatrix} 0.82 & 0.13 & 0.02 & 0.10 \\ 0.04 & 0.70 & 0.05 & 0.15 \\ 0.08 & 0.13 & 0.90 & 0.10 \\ 0.06 & 0.04 & 0.03 & 0.65 \end{bmatrix}$$

であるとすれば，2年後の各県の人口比は

$$\begin{bmatrix} r'' \\ s'' \\ t'' \\ u'' \end{bmatrix} = \begin{bmatrix} 0.82 & 0.13 & 0.02 & 0.10 \\ 0.04 & 0.70 & 0.05 & 0.15 \\ 0.08 & 0.13 & 0.90 & 0.10 \\ 0.06 & 0.04 & 0.03 & 0.65 \end{bmatrix}$$
$$\times \begin{bmatrix} 0.80 & 0.15 & 0.02 & 0.10 \\ 0.05 & 0.70 & 0.00 & 0.20 \\ 0.10 & 0.15 & 0.90 & 0.10 \\ 0.05 & 0.00 & 0.08 & 0.60 \end{bmatrix} \begin{bmatrix} r \\ s \\ t \\ u \end{bmatrix} \quad (4.23)$$

で表わされることも明らかです．あとは，r, s, t, u に現在の各県の人口比を代入すれば，2年後の人口比 r'', s'', t'', u'' が機械的に計算できようというものです．かりに，行列を使わずに同じ計算を試みたと思ってください．目がちらついて，きっとどこかで計算ミスをしてしまうにちがいありません．

たった4県の間の人口移動の場合でもこのとおりです．日本のように47都道府県もある国で，県どうしの人口移動を把握しようとするなら，これはもう行列なしでは手も足も出すことができません．

社会科学の中では，このほかにも行列が活躍する分野がいくらでもあります．たとえば，繊維，紙パルプ，化学，窯業，輸送用機器，鉄

鋼, 非鉄金属など, たくさんの製造業がありますが, たとえば, 繊維工業は化学工業で作られた化学製品や機械工業の製品である機械類などを使いながら繊維を作るいっぽう, その繊維は化学工業にも窯業にも使用されるというぐあいで, たくさんの製造業どうしが製品を互いに売買しています. さらにまた, 製造業は運輸業や建設業などの他の産業と互いに売買しあい, 助け合いながら一国の産業を形成しています. これら各種の産業どうしがどのように結びついているかを分析することを産業連関分析などといって, 国や地域の産業についての政策を決めるためにはぜひ必要なことなのですが, その性格からみて, 行列が大いに利用できるであろうことは推察に難くはありません.

社会科学の中でさえ, 行列がこのように活躍するのですから, 数学的取扱いに適している自然科学の中で行列が盛んに使われることは, もちろんです. たとえば, 遺伝の研究などには128ページに紹介したマルコフ過程の考え方が利用されるというように, です.

行列のわり算

ころっと話が変わります. 一次変換についてのつぎの話題に進むために, ちょっとした準備が必要なので, ころっと話を変えさせていただきたいのです.

104ページのあたりで

$$\begin{bmatrix} 1 & 0 \\ 0 & 1 \end{bmatrix}$$

のように, 左上から右下への対角線上に1が並び, それ以外の要素はすべてゼロであるような行列を**単位行列**というと書きました. ほかの

Ⅳ 一次変換を退治する

行列にこの手の行列を右からかけても左からかけても，たとえば

$$\begin{bmatrix} a & b \\ c & d \end{bmatrix} \begin{bmatrix} 1 & 0 \\ 0 & 1 \end{bmatrix} = \begin{bmatrix} a\times 1+b\times 0 & a\times 0+b\times 1 \\ c\times 1+d\times 0 & c\times 0+d\times 1 \end{bmatrix} = \begin{bmatrix} a & b \\ c & d \end{bmatrix}$$

$$\begin{bmatrix} 1 & 0 \\ 0 & 1 \end{bmatrix} \begin{bmatrix} a & b \\ c & d \end{bmatrix} = \begin{bmatrix} 1\times a+0\times c & 1\times b+0\times d \\ 0\times a+1\times c & 0\times b+1\times d \end{bmatrix} = \begin{bmatrix} a & b \\ c & d \end{bmatrix}$$

のように少しも効きめがなく，ちょうど，ふつうの数どうしのかけ算でいえば1に相当するからです．

ところで，ふつうの数では

$$ab = 1$$

であれば

$$b = \frac{1}{a} \qquad (b = a^{-1} \text{とも書く})$$

であり，b は a の**逆数**であるといわれます．この作法を行列にも導入してみましょう．行列 A と行列 B とがあるとき

$$AB = 単位行列$$

となるような B を A の逆行列と呼ぶことにするのです．ちょいまち……．行列では AB と BA とは一般には等しくありませんから，

$$\begin{cases} AB = 単位行列 \\ BA = 単位行列 \end{cases} \qquad (4.24)$$

の両方とも成立するような B を A の**逆行列**と呼び，a の逆数が a^{-1} であるのと符丁を合わせて，A^{-1} で表わすことにします．

ふつうの数の場合，a^{-1} をかけることは a で割ることを意味しますが，行列でも A^{-1} をかけることが A で割ることを意味します．第3章では，行列どうしのたし算，ひき算，かけ算を紹介しておきながら，四則演算の第4の柱ともいえるわり算に触れませんでした

が，ここにきて，やっと借りを返せるような感じです．

さて，逆行列はどのような形になるでしょうか．

$$A = \begin{bmatrix} a_{11} & a_{12} \\ a_{21} & a_{22} \end{bmatrix} \tag{4.25}$$

であるとして，この逆行列を求めてみましょう．まず，A の逆行列 B が

$$A^{-1} = B = \begin{bmatrix} b_{11} & b_{12} \\ b_{21} & b_{22} \end{bmatrix} \tag{4.26}$$

であれば

$$AB = \begin{bmatrix} a_{11} & a_{12} \\ a_{21} & a_{22} \end{bmatrix} \begin{bmatrix} b_{11} & b_{12} \\ b_{21} & b_{22} \end{bmatrix} = \begin{bmatrix} a_{11}b_{11} + a_{12}b_{21} & a_{11}b_{12} + a_{12}b_{22} \\ a_{21}b_{11} + a_{22}b_{21} & a_{21}b_{12} + a_{22}b_{22} \end{bmatrix}$$

となり，これが単位行列

$$\begin{bmatrix} 1 & 0 \\ 0 & 1 \end{bmatrix} \quad (\text{これを } E \text{ と書くことにします})$$

に等しいのですから，2つの行列が等しいとは対応するすべての要素どうしが等しいことであるという約束を思い出せば

$$\left. \begin{array}{l} a_{11}b_{11} + a_{12}b_{21} = 1, \quad a_{11}b_{12} + a_{12}b_{22} = 0 \\ a_{21}b_{11} + a_{22}b_{21} = 0, \quad a_{21}b_{12} + a_{22}b_{22} = 1 \end{array} \right\} \tag{4.27}$$

でなければなりません．この4つの式を連立させて，b_{11}, b_{12}, b_{21}, b_{22} を求めます．ごみごみした途中経過は省略して結論を急ぐと

$$\left. \begin{array}{l} b_{11} = \dfrac{a_{22}}{a_{11}a_{22} - a_{12}a_{21}}, \quad b_{12} = \dfrac{-a_{12}}{a_{11}a_{22} - a_{12}a_{21}} \\ b_{21} = \dfrac{-a_{21}}{a_{11}a_{22} - a_{12}a_{21}}, \quad b_{22} = \dfrac{a_{11}}{a_{11}a_{22} - a_{12}a_{21}} \end{array} \right\} \tag{4.28}$$

が得られます．ちょっと見た目にはめんどうな姿をしていますが，よく見ると右辺の分母はみな同じです．で

$$a_{11}a_{22} - a_{12}a_{21} = \Delta \tag{4.29}$$

と書いてしまうと＊

$$\left.\begin{array}{l} b_{11} = \dfrac{a_{22}}{\Delta}, \quad b_{12} = \dfrac{-a_{12}}{\Delta} \\[2ex] b_{21} = \dfrac{-a_{21}}{\Delta}, \quad b_{22} = \dfrac{a_{11}}{\Delta} \end{array}\right\} \tag{4.30}$$

となり，思いがけないほど，すっきりとしてしまいます．したがって，A の逆行列 B は

$$B = \begin{bmatrix} \dfrac{a_{22}}{\Delta} & \dfrac{-a_{12}}{\Delta} \\[2ex] \dfrac{-a_{21}}{\Delta} & \dfrac{a_{11}}{\Delta} \end{bmatrix} = \frac{1}{\Delta}\begin{bmatrix} a_{22} & -a_{12} \\ -a_{21} & a_{11} \end{bmatrix} \tag{4.31}$$

という次第です．右辺の行列の要素を行列 A の要素と較べてみると，左上と右下が入れ代わり，右上と左下は入れ代わらずにマイナス符号が付加されているのが見られます．

ここで，重要なことを申し上げなければなりません．Δ が決してゼロであってはならないのです．すなわち，A の逆行列 B が存在するためには

$$\Delta = a_{11}a_{22} - a_{12}a_{21} \neq 0 \tag{4.32}$$

が必須の条件です．なぜかというと，ゼロで割るという操作は現実問題としても数学的にもまったく無意味であり，したがって，数学ではゼロで割ることを考える必要もないし，そして考えないことに

＊ Δ はローマ字の D に相当するギリシア文字でデルタと読み，式(4.29)のような場合によく使われます．つぎの章でも再度お目にかかることになるはずです．

なっているからです.*

いまは

$$AB = E(単位行列)$$

になるような B を調べてみました.つぎは

$$BA = E$$

になるような B を調べて,いまの結論と照合しなければなりません.が,あまりくどくなるので私が

$$BA = E$$

になるような B が,$AB = E$ になるような B と等しく,式(4.31)で表わされることを確かめておきました.責任を持ちますから信じてください.

ここで,検算をしておきましょう.それには

$$A^{-1} = B = \frac{1}{\Delta}\begin{bmatrix} a_{22} & -a_{12} \\ -a_{21} & a_{11} \end{bmatrix} \tag{4.33}$$

と A とをかけ合わせると単位行列 E に戻ることを確かめればよいはずです.

$$\frac{1}{\Delta}\begin{bmatrix} a_{22} & -a_{12} \\ -a_{21} & a_{11} \end{bmatrix}\begin{bmatrix} a_{11} & a_{12} \\ a_{21} & a_{22} \end{bmatrix} = \frac{1}{\Delta}\begin{bmatrix} a_{22}a_{11} - a_{12}a_{21} & a_{22}a_{12} - a_{12}a_{22} \\ -a_{21}a_{11} + a_{11}a_{21} & -a_{21}a_{12} + a_{11}a_{22} \end{bmatrix}$$

---

* なぜ,ゼロで割る操作が現実にも数学的にも無意味なのかについては,『方程式のはなし【改訂版】』115 ページまたは『関数のはなし【改訂版】(上)』93 ページを,ある値をゼロで割ると無限大になると信じておられる方は『関数のはなし【改訂版】(上)』の同ページを,無限大に興味のある方は『論理と集合のはなし【改訂版】』104 ページを,ゼロをゼロで割ったらどうなるかと好奇心おうせいな方は『微積分のはなし【改訂版】(上)』90 ページを,見ていただきたいと存じます.

$$=\frac{1}{\Delta}\begin{bmatrix} a_{22}a_{11}-a_{12}a_{21} & 0 \\ 0 & a_{11}a_{22}-a_{21}a_{12} \end{bmatrix}$$

$$=\frac{1}{a_{11}a_{22}-a_{12}a_{21}}\begin{bmatrix} a_{11}a_{22}-a_{12}a_{21} & 0 \\ 0 & a_{11}a_{22}-a_{12}a_{21} \end{bmatrix}=\begin{bmatrix} 1 & 0 \\ 0 & 1 \end{bmatrix}$$

となって，検算にバッチリ合格です．

ここまでの話を整理しておきましょう．

$$A=\begin{bmatrix} a_{11} & a_{12} \\ a_{21} & a_{22} \end{bmatrix} \qquad (4.25)と同じ$$

の逆行列 A^{-1} は

$$\Delta = a_{11}a_{22}-a_{12}a_{21} \neq 0 \qquad (4.29)と同じ$$

の場合に存在し

$$A^{-1}=\frac{1}{\Delta}\begin{bmatrix} a_{22} & -a_{12} \\ -a_{21} & a_{11} \end{bmatrix} \qquad (4.33)と同じ$$

であり，そして，単位行列を E とすれば

$$AA^{-1}=E \qquad (4.34)$$

であります．

行きのキップと帰りのキップ

前節では話をころっと変えて逆行列を紹介したのでしたが，ここでまた，一次変換に話を戻します．119ページあたりに，点 $P(x,y)$ から点 $P'(x', y')$ へ

$$\left.\begin{array}{l} x' = a_{11}x + a_{12}y \\ y' = a_{21}x + a_{22}y \end{array}\right\} \quad (4.5)と同じ$$

のルールに従って移動するとき，その移動を一次変換というと書き

ました．これはまた
$$\begin{bmatrix} x' \\ y' \end{bmatrix} = \begin{bmatrix} a_{11} & a_{12} \\ a_{21} & a_{22} \end{bmatrix} \begin{bmatrix} x \\ y \end{bmatrix} \qquad (4.6) と同じ$$

と書けば，ベクトル $\begin{bmatrix} x \\ y \end{bmatrix}$ からベクトル $\begin{bmatrix} x' \\ y' \end{bmatrix}$ への一次変換を表わしていることにもなるのでした．そして，この一次変換を座標上の点の移動で具体化してみたり，二大新聞の市場占有率や，県の人口の出入に適用してみたりしてきたのでした．

さて，式を簡単にするために
$$\begin{bmatrix} x' \\ y' \end{bmatrix} = \vec{x}', \quad \begin{bmatrix} a_{11} & a_{12} \\ a_{21} & a_{22} \end{bmatrix} = A, \quad \begin{bmatrix} x \\ y \end{bmatrix} = \vec{x} \qquad (4.35)$$

と書いてみましょう．そうすると，式(4.6)は
$$\vec{x}' = A\vec{x} \qquad (4.36)$$

となります．これは，ベクトル $\vec{x}$ から $\vec{x}'$ への一次変換を表わしているのですが，変換の方向を逆向きにして $\vec{x}'$ から $\vec{x}$ へ変換をさせるにはどうしたらよいでしょうか．A の逆行列 A^{-1} は，A の逆数みたいなものですから，きっと
$$\vec{x} = A^{-1}\vec{x}' \qquad (4.37)$$

ではないかと勘づかれた方も少なくないと思います．あたり……です．この証明は，わけはありません．$A^{-1}\vec{x}'$ の $\vec{x}'$ に式(4.36)を代入すれば
$$A^{-1}\vec{x}' = A^{-1}(A\vec{x}) = (A^{-1}A)\vec{x}$$

前ページの式(4.34)によって，$A^{-1}A = E$ ですから
$$= E\vec{x}$$

E は単位行列で，これをかけても元の行列や行列の一部であるベク

IV 一次変換を退治する

行きのキップが A なら
帰りのキップは A^{-1} である

トルは少しも変化しませんから

$$= \vec{x}$$

したがって

$$A^{-1}\vec{x}' = \vec{x}$$

となって，式(4.37)が証明されます．

話を整理しましょうか．

$$\vec{x}' = A\vec{x} \qquad\qquad (4.36)と同じ$$

であり，A に逆行列 A^{-1} が存在するなら

$$\vec{x} = A^{-1}\vec{x}' \qquad\qquad (4.37)と同じ$$

です．$\vec{x}$ から $\vec{x}'$ への行きのキップを A とすれば，$\vec{x}'$ から $\vec{x}$ への帰りのキップは A^{-1} というわけです．

行列をきちんと書けば

$$\begin{bmatrix} x' \\ y' \end{bmatrix} = \begin{bmatrix} a_{11} & a_{12} \\ a_{21} & a_{22} \end{bmatrix} \begin{bmatrix} x \\ y \end{bmatrix} \qquad\qquad (4.6)と同じ$$

なら

$$\begin{bmatrix} x \\ y \end{bmatrix} = \frac{1}{\Delta} \begin{bmatrix} a_{22} & -a_{12} \\ -a_{21} & a_{11} \end{bmatrix} \begin{bmatrix} x' \\ y' \end{bmatrix} \quad (4.38)$$

ただし，$\Delta = a_{11}a_{22} - a_{12}a_{21} \neq 0$

という仕組みになっています．このように，行列 A で特徴づけられる一次変換の逆向きの変換は，やはり一次変換であり，それを特徴づけている行列は A^{-1} です．

さて，お待ちどうさまでした．逆方向の変換の具体例にはいります．まずは，やさしめからはじめます．恐縮ですが 117 ページの図 4.2 をちらっと見ていただけませんか．点 P が，y 軸を右から左へ横切って，y 軸に対称な点 P′ へ移動する図がそこに描かれているはずです．この変換のための行列は，120 ページあたりに書いたように

$$\begin{bmatrix} -1 & 0 \\ 0 & 1 \end{bmatrix}$$

ですから，変換の式は

$$\begin{bmatrix} x' \\ y' \end{bmatrix} = \begin{bmatrix} -1 & 0 \\ 0 & 1 \end{bmatrix} \begin{bmatrix} x \\ y \end{bmatrix} \quad (4.39)$$

となるはずです．では，この逆向きの変換はどのようになるでしょうか．前ページの式 (4.6) と見較べると

$$a_{11} = -1, \quad a_{12} = 0$$
$$a_{21} = 0, \quad a_{22} = 1$$

に相当しますから，その逆行列は

$$\frac{1}{\Delta} \begin{bmatrix} a_{22} & -a_{12} \\ -a_{21} & a_{11} \end{bmatrix} = \frac{1}{a_{11}a_{22} - a_{12}a_{21}} \begin{bmatrix} a_{22} & -a_{12} \\ -a_{21} & a_{11} \end{bmatrix}$$
$$= \frac{1}{-1 \times 1 - 0 \times 0} \begin{bmatrix} 1 & 0 \\ 0 & -1 \end{bmatrix} = \frac{1}{-1} \begin{bmatrix} 1 & 0 \\ 0 & -1 \end{bmatrix} = \begin{bmatrix} -1 & 0 \\ 0 & 1 \end{bmatrix}$$

IV 一次変換を退治する

となり，元の行列とまったく同じです．つまり，y 軸に対称な移動では

$$\begin{bmatrix} x' \\ y' \end{bmatrix} = \begin{bmatrix} -1 & 0 \\ 0 & 1 \end{bmatrix} \begin{bmatrix} x \\ y \end{bmatrix} \qquad \text{(4.39)と同じ}$$

であると同時に

$$\begin{bmatrix} x \\ y \end{bmatrix} = \begin{bmatrix} -1 & 0 \\ 0 & 1 \end{bmatrix} \begin{bmatrix} x' \\ y' \end{bmatrix} \qquad (4.40)$$

であり，行きのキップと帰りのキップが同じことがわかります．それもそのはず，y 軸に対称な移動では

$$\text{行きは} \begin{cases} x' = -x \\ y' = y \end{cases} \qquad \text{帰りは} \begin{cases} x = -x' \\ y = y' \end{cases}$$

なので，往復の形がまったく同じなのです．この例は，ちょっとやさしすぎたかな……．

つぎの例は，二大新聞の市場占有率です．131 ページの図 4.7 を見てそのストーリーを思い出していただけるでしょうか．X 紙と Y 紙の現在の市場占有率を x, y とし，1 カ月後のそれを x', y' とすると

$$\begin{bmatrix} x' \\ y' \end{bmatrix} = \begin{bmatrix} 0.9 & 0.3 \\ 0.1 & 0.7 \end{bmatrix} \begin{bmatrix} x \\ y \end{bmatrix} \qquad \text{(4.17)と同じ}$$

のルールに従って一次変換されるのでした．したがって，1 カ月前の市場占有率を x_0, y_0 とすれば

$$\begin{bmatrix} x \\ y \end{bmatrix} = \begin{bmatrix} 0.9 & 0.3 \\ 0.1 & 0.7 \end{bmatrix} \begin{bmatrix} x_0 \\ y_0 \end{bmatrix} \qquad (4.41)$$

のルールに従って現在の市場占有率 x, y が作り出されているにちがいありません．現在の市場占有率は

$$x = 0.4, \quad y = 0.6$$

なのですが，1 カ月前の市場占有率 x_0, y_0 はいくらであったでしょ

うか.

$$\begin{bmatrix} 0.9 & 0.3 \\ 0.1 & 0.7 \end{bmatrix} = \begin{bmatrix} a_{11} & a_{12} \\ a_{21} & a_{22} \end{bmatrix} = A$$

とすれば

$$\begin{bmatrix} x_0 \\ y_0 \end{bmatrix} = A^{-1} \begin{bmatrix} x \\ y \end{bmatrix} \tag{4.42}$$

によって x_0 と y_0 とが計算できるはずですから,まず,A^{-1} を求めてみます.

$$\begin{aligned}
A^{-1} &= \frac{1}{a_{11}a_{22} - a_{12}a_{21}} \begin{bmatrix} a_{22} & -a_{12} \\ -a_{21} & a_{11} \end{bmatrix} \\
&= \frac{1}{0.9 \times 0.7 - 0.3 \times 0.1} \begin{bmatrix} 0.7 & -0.3 \\ -0.1 & 0.9 \end{bmatrix} \\
&= \frac{1}{0.6} \begin{bmatrix} 0.7 & -0.3 \\ -0.1 & 0.9 \end{bmatrix} = \begin{bmatrix} 0.7/0.6 & -0.3/0.6 \\ -0.1/0.6 & 0.9/0.6 \end{bmatrix}
\end{aligned}$$

したがって,$x = 0.4$,$y = 0.6$ であることも思い出すと

$$\begin{aligned}
\begin{bmatrix} x_0 \\ y_0 \end{bmatrix} &= \begin{bmatrix} 0.7/0.6 & -0.3/0.6 \\ -0.1/0.6 & 0.9/0.6 \end{bmatrix} \begin{bmatrix} x \\ y \end{bmatrix} \\
&= \begin{bmatrix} 0.7/0.6 & -0.3/0.6 \\ -0.1/0.6 & 0.9/0.6 \end{bmatrix} \begin{bmatrix} 0.4 \\ 0.6 \end{bmatrix} \\
&= \begin{bmatrix} 0.7 \times 0.4/0.6 - 0.3 \times 0.6/0.6 \\ -0.1 \times 0.4/0.6 + 0.9 \times 0.6/0.6 \end{bmatrix} \\
&\fallingdotseq \begin{bmatrix} 0.4667 - 0.3 \\ -0.0667 + 0.9 \end{bmatrix} \fallingdotseq \begin{bmatrix} 0.167 \\ 0.833 \end{bmatrix}
\end{aligned}$$

すなわち,1 カ月前の市場占有率は,X 紙が約 16.7%,Y 紙が約 83.3% であったことが判明しました.

V 行列から行列式へ

逆変換で連立方程式を解く

　前の章で一次変換などという怪物をやっと退治したと思ったのも束の間,眠った子を起こすようで申し訳ありませんが,この章で再度,一次変換に出会わなければなりません.どうりで昨夜の夢見が悪かったと諦めてください.

　前章の最後のほうでご紹介した逆方向の一次変換のところを,念のために復習してみます.(x, y)の状態から(x', y')の状態へ

$$\left.\begin{aligned} x' &= a_{11}x + a_{12}y \\ y' &= a_{21}x + a_{22}y \end{aligned}\right\} \quad \text{(4.5)と同じ}$$

のルールに従って移行するような変換を一次変換といい,これは,ベクトルと行列を使うと

$$\begin{bmatrix} x' \\ y' \end{bmatrix} = \begin{bmatrix} a_{11} & a_{12} \\ a_{21} & a_{22} \end{bmatrix} \begin{bmatrix} x \\ y \end{bmatrix} \quad \text{(4.6)と同じ}$$

と書けるのですが,この場合,(x', y')の状態から,(x, y)の状態

への逆向きの変換は，逆行列を利用して

$$\begin{bmatrix} x \\ y \end{bmatrix} = \begin{bmatrix} a_{11} & a_{12} \\ a_{21} & a_{22} \end{bmatrix}^{-1} \begin{bmatrix} x' \\ y' \end{bmatrix}$$

$$= \frac{1}{\Delta} \begin{bmatrix} a_{22} & -a_{12} \\ -a_{21} & a_{11} \end{bmatrix} \begin{bmatrix} x' \\ y' \end{bmatrix} \quad \text{(4.38)と同じ}$$

ただし，$\Delta = a_{11}a_{22} - a_{12}a_{21} \neq 0$

で計算できるのでした．ここまでが前章の復習です．

さて，また，「あんじょう，ちんじょう，そくじょう」です．この逆変換のストーリーを見て，はっと気がつくことがありませんか．

式(4.5)の x' と y' を前章では未知数として扱ってきましたが，これを定数と考えて b_1，b_2 とでも書き，左辺と右辺とを反対にすれば

$$\begin{cases} a_{11}x + a_{12}y = b_1 \\ a_{21}x + a_{22}y = b_2 \end{cases} \quad (5.1)$$

となりますが，これは典型的な連立一次方程式です．ということは，前章で扱った逆変換のストーリーを利用すれば連立一次方程式を解くことができるのではないでしょうか．あんじょうか，ちんじょうか，そくじょうかで，ここに気がついた方がおられれば，その勘の冴えに対して惜しみない拍手をお送りしましょう．

私たちの連立一次方程式(5.1)をベクトルと行列とでスマートに書けば

$$\begin{bmatrix} a_{11} & a_{12} \\ a_{21} & a_{22} \end{bmatrix} \begin{bmatrix} x \\ y \end{bmatrix} = \begin{bmatrix} b_1 \\ b_2 \end{bmatrix} \quad (5.2)$$

です．したがって，式(4.38)の真似をすれば

$$\begin{bmatrix} x \\ y \end{bmatrix} = \begin{bmatrix} a_{11} & a_{12} \\ a_{21} & a_{22} \end{bmatrix}^{-1} \begin{bmatrix} b_1 \\ b_2 \end{bmatrix}$$

$$= \frac{1}{\Delta} \begin{bmatrix} a_{22} & -a_{12} \\ -a_{21} & a_{11} \end{bmatrix} \begin{bmatrix} b_1 \\ b_2 \end{bmatrix} \tag{5.3}$$

ただし，$\Delta = a_{11}a_{22} - a_{12}a_{21} \neq 0$

となります．そこで右辺の行列とベクトルのかけ算を実行すると

$$\begin{bmatrix} x \\ y \end{bmatrix} = \frac{1}{\Delta} \begin{bmatrix} a_{22}b_1 - a_{12}b_2 \\ -a_{21}b_1 + a_{11}b_2 \end{bmatrix} \tag{5.4}$$

となりますから，つまり

$$\left. \begin{array}{l} x = \dfrac{a_{22}b_1 - a_{12}b_2}{\Delta} = \dfrac{a_{22}b_1 - a_{12}b_2}{a_{11}a_{22} - a_{12}a_{21}} \\[2ex] y = \dfrac{a_{11}b_2 - a_{21}b_1}{\Delta} = \dfrac{a_{11}b_2 - a_{21}b_1}{a_{11}a_{22} - a_{12}a_{21}} \end{array} \right\} \tag{5.5}$$

です．こうして，連立一次方程式(5.1)の答が求まってしまいました．

検算をしてみましょうか．

$$\left. \begin{array}{l} a_{11}x + a_{12}y = b_1 \\ a_{21}x + a_{22}y = b_2 \end{array} \right\} \quad \text{(5.1)と同じ}$$

の上の式を a_{22} 倍し，下の式は a_{12} 倍して，上の式の両辺から下の式の両辺を引くと

$$\begin{array}{r} a_{11}a_{22}x + a_{12}a_{22}y = a_{22}b_1 \\ -\underline{)\, a_{12}a_{21}x + a_{12}a_{22}y = a_{12}b_2} \\ (a_{11}a_{22} - a_{12}a_{21})x = a_{22}b_1 - a_{12}b_2 \end{array}$$

$$\therefore \quad x = \frac{a_{22}b_1 - a_{12}b_2}{a_{11}a_{22} - a_{12}a_{21}}$$

となって，x の答が合っていることは確認できました．y の値を求めるには，式(5.1)の上の式を a_{21} 倍，下の式を a_{11} 倍して，上の式から下の式を引けば求まり，各人で試してみていただければ y の

答が合っていることも確認できるはずです．

連立一次方程式(5.1)を解くために，私たちは逆行列を利用した一次変換を使ってみました．そして，確かに正しい答を得ることはできましたが，しかし，ありふれた方法で解く場合に較べてとくに簡単であったとも思えません．けれども，楽しみにしていてください．一次の連立方程式を解くために，どれほど行列が猛威を発揮するかを，これからお目にかけますから……．

行列式の登場

自慢話のようで恐縮ですが，私にはひとりの兄がいました．物理学の真摯な学徒でしたが，若くして白血病に犯され，死に直面した入院生活の中でも，きょうは論文が3枚も進んだよ，と嬉しそうにしていた姿が忘れられません．その兄が生前，こういうことを言っていました．物理学や数学は，きりきりと正攻法で攻めてみることも必要だが，ときには偶然の思いつきが飛躍的な進歩につながることが少なくない．そして，その思いつきは式の形に手がかりを得ることが多い……と言うのです．

そこで，またまた，あんじょう，ちんじょう，そくじょうみたいな話ですが，式の形に手がかりを求めて思考を飛躍させてみることにします．

私たちの連立一次方程式(5.2)をもういちど見てください．

$$\begin{bmatrix} a_{11} & a_{12} \\ a_{21} & a_{22} \end{bmatrix} \begin{bmatrix} x \\ y \end{bmatrix} = \begin{bmatrix} b_1 \\ b_2 \end{bmatrix} \quad \text{(5.2)と同じ}$$

この連立一次方程式を決めているものは

$$\begin{bmatrix} a_{11} & a_{12} \\ a_{21} & a_{22} \end{bmatrix} \quad \text{と} \quad \begin{bmatrix} b_1 \\ b_2 \end{bmatrix}$$

です．この両者によって連立一次方程式そのものと，その解が決まってしまいます．そしてまた，147ページの式(5.3)を見ていただけばわかるように，この連立一次方程式を解く過程で

$$\Delta = a_{11}a_{22} - a_{12}a_{21}$$

という値が重要な意味を持っています．なにせ，この値がゼロであると解が存在しないのですから……．そこで

$$\begin{bmatrix} a_{11} & a_{12} \\ a_{21} & a_{22} \end{bmatrix} \quad \text{と} \quad a_{11}a_{22} - a_{12}a_{21}$$

とを見較べてみます．両者とも1個ずつの a_{11}, a_{22}, a_{12}, a_{21} で構成されていて，思考の飛躍に結びつく手掛りが発見できるかもしれないからです．両者のうち $\begin{bmatrix} a_{11} & a_{12} \\ a_{21} & a_{22} \end{bmatrix}$ は行列ですから，縦横に配列された4個の値とその配列の状態に意味があり，行列そのものとしての値を持っているわけではありません．これに対して $a_{11}a_{22} - a_{12}a_{21}$ は具体的なひとつの値です．たとえば

$$a_{11} = 4 \qquad a_{12} = 3$$
$$a_{21} = 2 \qquad a_{22} = 1$$

とすれば

$$\begin{bmatrix} a_{11} & a_{12} \\ a_{21} & a_{22} \end{bmatrix} = \begin{bmatrix} 4 & 3 \\ 2 & 1 \end{bmatrix}$$

であって，この数字の配列それ自体にのみ意味があり，行列がひとつの値ではないのに対して

$$a_{11}a_{22} - a_{12}a_{21} = 4 \cdot 1 - 3 \cdot 2 = 4 - 6 = -2$$

であって，こちらは具体的なひとつの値です．したがって

$$\begin{bmatrix} a_{11} & a_{12} \\ a_{21} & a_{22} \end{bmatrix} \quad \text{と} \quad a_{11}a_{22} - a_{12}a_{21}$$

とは，性格がまるで異なっています．

性格はまるで異なるのですが，しかし，両者とも連立一次方程式に強い支配力を持っていて，4つの文字が1個ずつ使われているという共通点があるのですから，ぜひ，この両者を関係づけたいものです．そこで，行列の［　］を｜　｜に変更し

$$\begin{vmatrix} a_{11} & a_{12} \\ a_{21} & a_{22} \end{vmatrix}$$

を，ひとつの具体的な値と考え

$$\begin{vmatrix} a_{11} & a_{12} \\ a_{21} & a_{22} \end{vmatrix} = a_{11}a_{22} - a_{12}a_{21} \tag{5.6}$$

と決めることにしましょう．図5.1のように，｜　｜の中の4つの文字を左上から右下へかけ合わせた値から，右上から左下へかけ合わせた値を差し引いて，これを｜　｜の値と決めます．

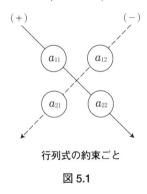

行列式の約束ごと

図 5.1

このように決めると，実は，不思議な事実に遭遇することになります．話は少し逆戻りしますが，連立一次方程式

$$\begin{cases} a_{11}x + a_{12}y = b_1 \\ a_{21}x + a_{22}y = b_2 \end{cases} \quad (5.1)\text{と同じ}$$

を解いて，xとyを求めると

$$\left.\begin{array}{l} x = \dfrac{a_{22}b_1 - a_{12}b_2}{a_{11}a_{22} - a_{12}a_{21}} \\[2mm] y = \dfrac{a_{11}b_2 - a_{21}b_1}{a_{11}a_{22} - a_{12}a_{21}} \end{array}\right\} \quad \text{(5.5)と同じ}$$

であり，これらの右辺の分母は，いま決めたばかりの $\begin{vmatrix} a_{11} & a_{12} \\ a_{21} & a_{22} \end{vmatrix}$ なのですが，分子のほうに注目してみると

$$a_{22}b_1 - a_{12}b_2 = \begin{vmatrix} b_1 & a_{12} \\ b_2 & a_{22} \end{vmatrix} \tag{5.7}$$

$$a_{11}b_2 - a_{21}b_1 = \begin{vmatrix} a_{11} & b_1 \\ a_{21} & b_2 \end{vmatrix} \tag{5.8}$$

となっているではありませんか.

いい恰好になってきました．整理して書くと

$$\left.\begin{cases} a_{11}x + a_{12}y = b_1 \\ a_{21}x + a_{22}y = b_2 \end{cases}\right\} \quad \text{(5.1)と同じ}$$

を解くと

$$x = \dfrac{\begin{vmatrix} b_1 & a_{12} \\ b_2 & a_{22} \end{vmatrix}}{\begin{vmatrix} a_{11} & a_{12} \\ a_{21} & a_{22} \end{vmatrix}}, \qquad y = \dfrac{\begin{vmatrix} a_{11} & b_1 \\ a_{21} & b_2 \end{vmatrix}}{\begin{vmatrix} a_{11} & a_{12} \\ a_{21} & a_{22} \end{vmatrix}} \tag{5.9}$$

になるというのです．つまり，x も y も分母は与えられた連立一次方程式の x と y の係数をそのままの配列で書き並べ，x の分子は x の係数 a_{11} と a_{21} の代りに定数 b_1 と b_2 を，y の分子は y の係数 a_{12} と a_{22} の代りに定数 b_1 と b_2 とを配置すればよいわけです．とても覚えやすい恰好ではありませんか．

式(5.6)で約束したように，$\begin{vmatrix} a_{11} & a_{12} \\ a_{21} & a_{22} \end{vmatrix}$ は $a_{11}a_{22} - a_{12}a_{21}$ という具体的な値です．このような値を**行列式**といいます．行列式(determinant)は行列(matrix)と姿もよく似ているし，呼び名も式の一字が多いだけです．けれども，行列が値の配列そのもので固有の値を持っていないのに対して，行列式のほうは具体的なひとつの値であることを，確実に念頭に留めていただきたいと思います．他人のそら似に欺されてはいけません．*

なお，この章では，まるであんじょう，ちんじょう，そくじょうでの思いつきと式の形からの連想だけで，行列式を使った連立一次方程式の解き方が見つけ出されたような調子で話を進めてきました．そして，なぜ式(5.9)が連立一次方程式の解になるのかについては深く触れませんでしたが，もちろん，数学的な立場からはもっと理論的に筋書きが展開されています．関心のある方のために付録にその筋書きを載せてありますから，ちとめんどうではありますが，筋書きを追っていただければ幸いです．

行列式でつるかめ算を解く

日本古来の算術の中でもっともよく知られているもののひとつに「つるかめ算」があります．「つるとかめとが合わせて10匹いる．

---

* 行列は行と列の数が等しい必要はありませんが，157ページでも述べるように，行列式は行と列の数が必ず等しくなければなりません．ここにも似て非なる行列と行列式の性質が現われています．私など，行列か行列式かの呼び名を，誰にも別物と感ずるような呼び名に変えたほうがよいのではないかと思うくらいです．

足の数は総計32本であるとき, つ̇る̇とか̇め̇はそれぞれ何匹か」というやつです. つるかめ算は学校での数学教育のあり方を議論するとき, よく引合いに出される問題形式なのですが,* それはさておき, いまの問題を代数を使って解くには

x を つるの数

y を かめの数

として

$$\begin{cases} x + y = 10 \\ 2x + 4y = 32 \end{cases} \quad (5.10)$$

を解けばよいはずです. 連立一次方程式の上の式はつ̇る̇とか̇め̇とが合わせて10匹であることを表わし, 下の式は二本足のつ̇る̇と四本足のか̇め̇の足の総計が32本であることを示しているからです. この程度の連立一次方程式ならとくにむずかしい手練手管を使わなくても, 中学で習ったやり方で容易に解くことができます. つまり, 上の式を2倍して下の式から引けば $2y = 12$ となって y が求まるし, 上の式を4倍しておいて下の式を引けば $2x = 8$ となって x を求めることができます. けれども, ここでは前節で紹介した行列式を使って x と y とを求めてみようと思います.

x と y との係数で作られる行列は

$$\begin{bmatrix} 1 & 1 \\ 2 & 4 \end{bmatrix}$$

ですから, 式(5.9)を参照すると, x を求めるための行列式の分子に

---

* なぜ「つるかめ算」が学校での数学教育のあり方に関連して引合いに出されるのかについては, 『方程式のはなし【改訂版】』24ページをご覧いただければ幸いです.

は，x の係数 1 と 2 の代りに定数の 10 と 32 を配置して

$$x = \frac{\begin{vmatrix} 10 & 1 \\ 32 & 4 \end{vmatrix}}{\begin{vmatrix} 1 & 1 \\ 2 & 4 \end{vmatrix}} = \frac{10 \times 4 - 1 \times 32}{1 \times 4 - 1 \times 2} = \frac{8}{2} = 4$$

が得られるし，同様に

$$y = \frac{\begin{vmatrix} 1 & 10 \\ 2 & 32 \end{vmatrix}}{\begin{vmatrix} 1 & 1 \\ 2 & 4 \end{vmatrix}} = \frac{1 \times 32 - 10 \times 2}{1 \times 4 - 1 \times 2} = \frac{12}{2} = 6$$

というぐあいに，x と y とがいっぱつで求まってしまいます．簡単すぎて気味が悪いくらいです．

つづいて，もうひとつの「つるかめ算もどき」を進呈しましょう．「つ͘る͘とか͘め͘とと͘ん͘ぼ͘とが合わせて 10 匹いる．足の数は総計 38 本で羽根の数は総計 14 枚であるとき，つ͘る͘とか͘め͘とと͘ん͘ぼ͘はそれぞれ何匹か」というのが今回の問題です．なお，つ͘る͘の羽根は 2 枚とかんじょうし，と͘ん͘ぼ͘の羽根は 4 枚，足は 6 本ですから念のため……．

この問題を解くための式は

x を つるの数
y を かめの数
z を とんぼの数

とすると

$$\left\{\begin{array}{l} x + y + z = 10 \\ 2x + 4y + 6z = 38 \\ 2x + 4z = 14 \end{array}\right. \tag{5.11}$$

で表わされます．いうまでもありませんが，1番めの式は合わせて10匹，2番めの式は足の総計が38本，3番めの式は羽根の合計が14枚であることを意味しています．かめには羽根がありませんから，3番めの式ではyの項が欠如しているのも道理です．

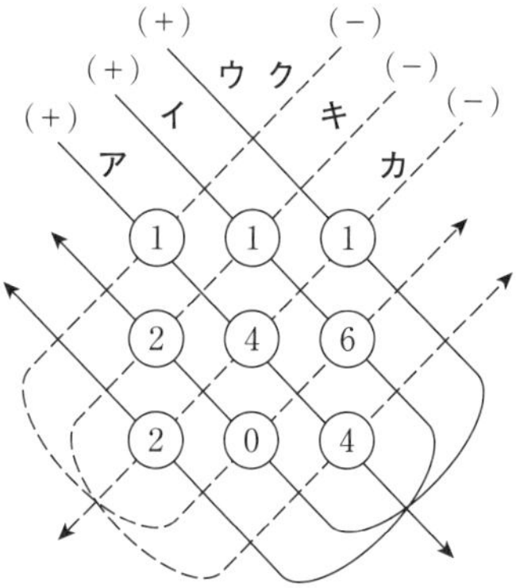

さて，x, y, zの係数で作られる行列は

$$\begin{bmatrix} 1 & 1 & 1 \\ 2 & 4 & 6 \\ 2 & 0 & 4 \end{bmatrix}$$

平等に刺し貫こう

図 5.2

ですから，前例にならうと

$$x = \frac{\begin{vmatrix} 10 & 1 & 1 \\ 38 & 4 & 6 \\ 14 & 0 & 4 \end{vmatrix}}{\begin{vmatrix} 1 & 1 & 1 \\ 2 & 4 & 6 \\ 2 & 0 & 4 \end{vmatrix}}, \quad y = \frac{\begin{vmatrix} 1 & 10 & 1 \\ 2 & 38 & 6 \\ 2 & 14 & 4 \end{vmatrix}}{\begin{vmatrix} 1 & 1 & 1 \\ 2 & 4 & 6 \\ 2 & 0 & 4 \end{vmatrix}}, \quad z = \frac{\begin{vmatrix} 1 & 1 & 10 \\ 2 & 4 & 38 \\ 2 & 0 & 14 \end{vmatrix}}{\begin{vmatrix} 1 & 1 & 1 \\ 2 & 4 & 6 \\ 2 & 0 & 4 \end{vmatrix}}$$

であるにちがいありません．さっそく計算をしてゆきたいのですが，その前にちょっと準備が必要です．150ページの図5.1は，2行2列の行列式の値を計算するルールでしたから比較的に単純でした．が，3行3列の行列式になると，いくらか計算のルールが複雑です．図5.2を見てください．x, y, zに共通な分母の行列の値を計算するルールがそこに描かれています．まず，左上から右下への

156

対角線アの上に並んだ1と4と4とをかけ合わせるところは2行2列の場合と同様です．違うのは，このあとです．いまの対角線の右上方にある1と6とを貫き，さらに右下でカーブを描いて左下の2を巻きぞえにする曲線イが描かれていますが，この曲線上の1と6と2ともかけ合わせます．さらに，曲線ウに貫かれる1と0と2ともかけ合わせ，ア，イ，ウで作られた値を加え合わせます．つづいて，右上から左下へ向かう対角線カの上の1と4と2をかけ合わせ，さらに曲線キに貫かれる1と2と4も，曲線クに貫かれる1と0と6もかけ合わせて，こちらの3通りの値は全体からマイナスします．

ちょっとごみごみしていますが，いちど覚えてしまえばなんでもありません．それでもわかりにくい方は，図5.3のように行列式の右と左に同じ行列式を接続しておき，左上から右下へはプラスの田楽刺し，右上から左下へはマイナスの田楽刺し，と考えていただくのも一案でしょう．いずれにしろ，行列式の中の9個の値がプラス

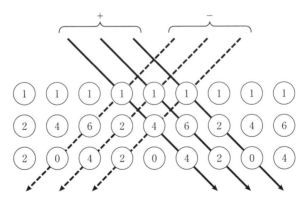

両隣に同じ行列式を借りてくれば

図 5.3

V 行列から行列式へ

のかけ算に1回，マイナスのかけ算に1回ずつ平等に参加し，かけ算はすべて3個の値について行なわれることになります．なお，こういう計算をするくらいですから，行列式の行と列の数は必ず等しくなければなりません．行列では行と列の数が等しい必要はありませんが，行列式は必ず正方形なのです．ここにも，行列と行列式の性質の決定的な差異が現われています．

これで準備完了です．図の数値例は私たちが求めようとしている「つるかめ算もどき」の x, y, z に共通な分母でしたから，さっそく，その値を計算してみることにしましょう．

$$\begin{vmatrix} 1 & 1 & 1 \\ 2 & 4 & 6 \\ 2 & 0 & 4 \end{vmatrix} = 1 \times 4 \times 4 + 1 \times 6 \times 2 + 1 \times 0 \times 2$$
$$\phantom{\begin{vmatrix} 1 & 1 & 1 \\ 2 & 4 & 6 \\ 2 & 0 & 4 \end{vmatrix} =} - 1 \times 4 \times 2 - 1 \times 2 \times 4 - 1 \times 0 \times 6$$
$$= 16 + 12 - 8 - 8$$
$$= 12$$

というぐあいです．

では，「つるかめ算もどき」の x, y, z を155ページの式に従って計算してゆきます．分母はすでに「12」であることがわかっていますから，分母の計算は省略しましょう．

$$x = \frac{\begin{vmatrix} 10 & 1 & 1 \\ 38 & 4 & 6 \\ 14 & 0 & 4 \end{vmatrix}}{12} = \frac{1}{12}(10 \times 4 \times 4 + 1 \times 6 \times 14 + 1 \times 0 \times 38$$
$$- 1 \times 4 \times 14 - 1 \times 38 \times 4 - 10 \times 0 \times 6)$$
$$= \frac{1}{12}(160 + 84 - 56 - 152) = \frac{36}{12} = 3$$

$$y = \frac{\begin{vmatrix} 1 & 10 & 1 \\ 2 & 38 & 6 \\ 2 & 14 & 4 \end{vmatrix}}{12} = \frac{1}{12}(1 \times 38 \times 4 + 10 \times 6 \times 2 + 1 \times 14 \times 2$$
$$- 1 \times 38 \times 2 - 10 \times 2 \times 4 - 1 \times 14 \times 6)$$

$$= \frac{1}{12}(152 + 120 + 28 - 76 - 80 - 84) = \frac{60}{12} = 5$$

$$z = \frac{\begin{vmatrix} 1 & 1 & 10 \\ 2 & 4 & 38 \\ 2 & 0 & 14 \end{vmatrix}}{12} = \frac{1}{12}(1 \times 4 \times 14 + 1 \times 38 \times 2 + 10 \times 0 \times 2$$
$$- 10 \times 4 \times 2 - 1 \times 2 \times 14 - 1 \times 0 \times 38)$$

$$= \frac{1}{12}(56 + 76 - 80 - 28) = \frac{24}{12} = 2$$

したがって,私たちの「つるかめ算もどき」の答は

x(つ　る) $= 3$ 匹

y(か　め) $= 5$ 匹

z(とんぼ) $= 2$ 匹

となりました.検算してみてください.つ̇る̇は3羽と数えるのが正しいのに3匹と数えているところ以外は,見事に正解であることがわかります.

　私たちは,「つるかめ算もどき」を解くための三元一次連立方程式を,行列式を使って計算してきました.連立方程式の計算は,たとえば私たちのつるかめとんぼ算を中学生並みのやり方で解いてみればわかるように,未知数の数が2つから3つに増えると急にめん

V 行列から行列式へ

どうになるものですが，行列式を使いさえすれば何でもありません．すいすいと計算をすることができます．

つるかめ算もどきを一蹴

「つるかめ算もどき」を，もう一段，複雑にします．「つ̇る̇と̇か̇め̇と̇と̇ん̇ぼ̇と̇た̇こ̇とが合わせて 10 匹いる．足の数は 40 本，羽根の数は 16 枚，眼の数は 26 個であるとき，つ̇る̇と̇か̇め̇と̇と̇ん̇ぼ̇と̇た̇こ̇はそれぞれ何匹か」という珍奇な問題です．この問題を解くには数学力のほかに生物の知識が必要です．とんぼの足は 6 本，たこの足は 8 本くらいは誰でも知っていますが，とんぼの眼が複眼 2 個と単眼 3 個の計 5 個であることをご存知ない方は少なくないかもしれません．正直いうと私もと̇ん̇ぼ̇の眼は複眼 2 個と単眼 2 個の計 4 個であると記憶ちがいをしていました．この問題を作るにあたって念のために事典で確かめたところ，記憶ちがいに気がついたのです．危うく恥をかくところでした．で，つ̇る̇と̇か̇め̇と̇と̇ん̇ぼ̇と̇た̇こ̇の足と羽と眼の数を表 5.1 に一覧表にしておきました．足の数が 2, 4, 6, 8 と等差数列になっているところが，おかしいではありませんか．

この問題を解くための方程式は

x を つるの数
y を かめの数
z を とんぼの数
u を たこの数

とすれば

表 5.1 生物学のおさらい

	つる	かめ	とんぼ	たこ
頭の数	1	1	1	1
足の数	2	4	6	8
羽の数	2	0	4	0
眼の数	2	2	5	2

$$\begin{cases} x + y + z + u = 10 \\ 2x + 4y + 6z + 8u = 40 \\ 2x + 4z = 16 \\ 2x + 2y + 5z + 2u = 26 \end{cases} \quad (5.12)$$

という四元一次連立方程式になってしまいます．たかが一次の連立方程式でも，未知数の数が4つにもなると，並の解き方ではかなり神経を使い脳細胞が活動しなければなりませんし，手先の労働も覚悟しなければなりません．けれども，行列式を使えば屁のカッパです．x, y, z, u の係数で作られる行列は

$$\begin{bmatrix} 1 & 1 & 1 & 1 \\ 2 & 4 & 6 & 8 \\ 2 & 0 & 4 & 0 \\ 2 & 2 & 5 & 2 \end{bmatrix}^*$$

ですから，前例にならって

$$x = \frac{\begin{vmatrix} 10 & 1 & 1 & 1 \\ 40 & 4 & 6 & 8 \\ 16 & 0 & 4 & 0 \\ 26 & 2 & 5 & 2 \end{vmatrix}}{\begin{vmatrix} 1 & 1 & 1 & 1 \\ 2 & 4 & 6 & 8 \\ 2 & 0 & 4 & 0 \\ 2 & 2 & 5 & 2 \end{vmatrix}}, \quad y = \frac{\begin{vmatrix} 1 & 10 & 1 & 1 \\ 2 & 40 & 6 & 8 \\ 2 & 16 & 4 & 0 \\ 2 & 26 & 5 & 2 \end{vmatrix}}{\begin{vmatrix} 1 & 1 & 1 & 1 \\ 2 & 4 & 6 & 8 \\ 2 & 0 & 4 & 0 \\ 2 & 2 & 5 & 2 \end{vmatrix}}$$

---

* この行列と前ページの表 5.1 とを見較べてください．ぴたっと一致しています．表 5.1 に「頭の数」を記入しておいた真意がここにあります．頭の数は匹数と同じことですから．

$$z = \frac{\begin{vmatrix} 1 & 1 & 10 & 1 \\ 2 & 4 & 40 & 8 \\ 2 & 0 & 16 & 0 \\ 2 & 2 & 26 & 2 \end{vmatrix}}{\begin{vmatrix} 1 & 1 & 1 & 1 \\ 2 & 4 & 6 & 8 \\ 2 & 0 & 4 & 0 \\ 2 & 2 & 5 & 2 \end{vmatrix}}, \quad u = \frac{\begin{vmatrix} 1 & 1 & 1 & 10 \\ 2 & 4 & 6 & 40 \\ 2 & 0 & 4 & 16 \\ 2 & 2 & 5 & 26 \end{vmatrix}}{\begin{vmatrix} 1 & 1 & 1 & 1 \\ 2 & 4 & 6 & 8 \\ 2 & 0 & 4 & 0 \\ 2 & 2 & 5 & 2 \end{vmatrix}}$$

を機械的に計算すればよいはずです．これなら，手数はいくらかめんどうですが，神経と脳細胞には負担がかからないし，それに確実に成果が得られることのわかっている労働は，さして苦にならないものです．

では，さして苦にならない労働にかかろうと思うのですが，ここでやや困った問題に遭遇します．4行4列の行列式の値を計算するには，2行2列の場合や3行3列の場合と同様な手口で，左上から右下への4通りのかけ算はプラス，右上から左下への4通りのかけ算はマイナスとして集計すればよいのかと思うと，そうは問屋がおろさないから困ってしまいます．実は，図5.1，図5.2，図5.3に描いた行列式の計算法は形式的な覚え方に過ぎず，4行4列以上ではその形式が通用しないのです．

そこで，どれほど大きな行列式にも通用する一般的な計算法をご紹介いたします．たいしてめんどうではありませんから，拒否反応を呈していただく必要はありません．

あとで，行列式の性質については整理してご紹介しますが，そのうちのひとつに

$$\begin{vmatrix} a_{11} & a_{12} & a_{13} \\ a_{21} & a_{22} & a_{23} \\ a_{31} & a_{32} & a_{33} \end{vmatrix} = a_{11} \begin{vmatrix} a_{22} & a_{23} \\ a_{32} & a_{33} \end{vmatrix} - a_{12} \begin{vmatrix} a_{21} & a_{23} \\ a_{31} & a_{33} \end{vmatrix} + a_{13} \begin{vmatrix} a_{21} & a_{22} \\ a_{31} & a_{32} \end{vmatrix}$$

というのがあります．ちょっと目がちらつきそうなので，他の記号で書きなおすと

$$\begin{vmatrix} a_1 & b_1 & c_1 \\ a_2 & b_2 & c_2 \\ a_3 & b_3 & c_3 \end{vmatrix} = a_1 \begin{vmatrix} b_2 & c_2 \\ b_3 & c_3 \end{vmatrix} - b_1 \begin{vmatrix} a_2 & c_2 \\ a_3 & c_3 \end{vmatrix} + c_1 \begin{vmatrix} a_2 & b_2 \\ a_3 & b_3 \end{vmatrix} \quad (5.13)$$

ということです．* これなら，注意深く観察すれば式の構成がわかっていただけようというものです．3行3列の行列式を，第1行の a_1, b_1, c_1 を主軸にして3つの小さな行列式に分解しているのですが，その仕組みはつぎのとおりです．左辺の a_1 は第1行第1列めに位置しているのですが，右辺の a_1 に従う小さな行列は左辺の行列から第1行と第1列とを取り去ったものです．同じように，b_1 は第1行第2列に位置していますので，b_1 に従う小さな行列は元の行列から第1行と第2列を取り除いたものですが，この項，つまり右辺の第2項にマイナス符号がついているところが注目に値します．さらに，右辺の第3項は，元の行列から第1行と第3列とを取り除いた小さな行列が c_1 に従っていますが，符号はプラスになっているところがミソです．

---

* 第2章，71ページの脚注に
$$\vec{a} \times \vec{b} = \begin{vmatrix} \vec{e}_x & \vec{e}_y & \vec{e}_z \\ a_x & a_y & a_z \\ b_x & b_y & b_z \end{vmatrix}$$

というのがありました．この式の右辺を式(5.13)のルールどうりに展開したものが，即，式(2.34)です．

V 行列から行列式へ

このルールは，どのように大きな行列についても適用することができます．右辺の各項は，第2項，第4項，第6項，……と偶数番めの項にだけマイナス符号をつければよいのです．一例として，つ・るとか・めとと・んぼだけの「つるかめ算もどき」の式(5.11)を解いたときの行列式にこのルールを適用すると

$$\begin{vmatrix} 1 & 1 & 1 \\ 2 & 4 & 6 \\ 2 & 0 & 4 \end{vmatrix} = 1 \times \begin{vmatrix} 4 & 6 \\ 0 & 4 \end{vmatrix} - 1 \times \begin{vmatrix} 2 & 6 \\ 2 & 4 \end{vmatrix} + 1 \times \begin{vmatrix} 2 & 4 \\ 2 & 0 \end{vmatrix}$$

$$= 4 \times 4 - 6 \times 0 - 2 \times 4 + 6 \times 2 + 2 \times 0 - 4 \times 2$$

$$= 16 - 8 + 12 - 8 = 12$$

という調子です．

これで，つ・るとか・めとと・んぼとた・こ・の珍奇な「つるかめ算もどき」を行列式を使って解く準備ができました．さっそく，160, 161 ページに泣き別れている行列式を計算してゆきましょう．x, y, z, u とも分母はみな共通ですから，分母から始末することにします．

$$\begin{vmatrix} 1 & 1 & 1 & 1 \\ 2 & 4 & 6 & 8 \\ 2 & 0 & 4 & 0 \\ 2 & 2 & 5 & 2 \end{vmatrix} = \begin{vmatrix} 4 & 6 & 8 \\ 0 & 4 & 0 \\ 2 & 5 & 2 \end{vmatrix} - \begin{vmatrix} 2 & 6 & 8 \\ 2 & 4 & 0 \\ 2 & 5 & 2 \end{vmatrix} + \begin{vmatrix} 2 & 4 & 8 \\ 2 & 0 & 0 \\ 2 & 2 & 2 \end{vmatrix} - \begin{vmatrix} 2 & 4 & 6 \\ 2 & 0 & 4 \\ 2 & 2 & 5 \end{vmatrix}^{*}$$

$$= 4 \begin{vmatrix} 4 & 0 \\ 5 & 2 \end{vmatrix} - 6 \begin{vmatrix} 0 & 0 \\ 2 & 2 \end{vmatrix} + 8 \begin{vmatrix} 0 & 4 \\ 2 & 5 \end{vmatrix}$$

$$- 2 \begin{vmatrix} 4 & 0 \\ 5 & 2 \end{vmatrix} + 6 \begin{vmatrix} 2 & 0 \\ 2 & 2 \end{vmatrix} - 8 \begin{vmatrix} 2 & 4 \\ 2 & 5 \end{vmatrix}$$

---

* 右辺の各項は

 $1 \times |\quad| \quad -1 \times |\quad| \quad +1 \times |\quad| \quad -1 \times |\quad|$

なのですが，「$1 \times$」は省略して書いてあります．

$$+2\begin{vmatrix} 0 & 0 \\ 2 & 2 \end{vmatrix} -4\begin{vmatrix} 2 & 0 \\ 2 & 2 \end{vmatrix} +8\begin{vmatrix} 2 & 0 \\ 2 & 2 \end{vmatrix}$$

$$-2\begin{vmatrix} 0 & 4 \\ 2 & 5 \end{vmatrix} +4\begin{vmatrix} 2 & 4 \\ 2 & 5 \end{vmatrix} -6\begin{vmatrix} 2 & 0 \\ 2 & 2 \end{vmatrix}$$

$$= 4\times 4\times 2 - 8\times 4\times 2 - 2\times 4\times 2 + 6\times 2\times 2$$
$$- 8\times 2\times 5 + 8\times 4\times 2 - 4\times 2\times 2 + 8\times 2\times 2$$
$$+ 2\times 4\times 2 + 4\times 2\times 5 - 4\times 4\times 2 - 6\times 2\times 2$$
$$= 32 - 64 - 16 + 24 - 80 + 64$$
$$- 16 + 32 + 16 + 40 - 32 - 24 = -24$$

となります．つづいて，x の分子を計算します．こんどは，3行3列の行列式を2行2列の行列式に分解することなく，図5.2のパターンに従って一気に計算してしまいましょう．

$$\begin{vmatrix} 10 & 1 & 1 & 1 \\ 40 & 4 & 6 & 8 \\ 16 & 0 & 4 & 0 \\ 26 & 2 & 5 & 2 \end{vmatrix} = 10\begin{vmatrix} 4 & 6 & 8 \\ 0 & 4 & 0 \\ 2 & 5 & 2 \end{vmatrix} - \begin{vmatrix} 40 & 6 & 8 \\ 16 & 4 & 0 \\ 26 & 5 & 2 \end{vmatrix} + \begin{vmatrix} 40 & 4 & 8 \\ 16 & 0 & 0 \\ 26 & 2 & 2 \end{vmatrix} - \begin{vmatrix} 40 & 4 & 6 \\ 16 & 0 & 4 \\ 26 & 2 & 5 \end{vmatrix}$$

$$= 10(32-64) - (320 + 640 - 832 - 192)$$
$$+ (256 - 128) - (416 + 192 - 320 - 320)$$
$$= -96$$

したがって

$$x = \frac{-96}{-24} = 4$$

となって，まず，つ̇る̇の数が4匹であることが求まります．つづいて，160ページの式によって y の行列式をシコシコと計算をすると，小学生向きのかけ算とたし算が延々と続くばかりですから，途中経

過を省略させていただいて

x(つ　る) = 4 匹

y(か　め) = 3 匹

z(とんぼ) = 2 匹

u(た　こ) = 1 匹

が求まる仕掛けになっています．

　この節では，四元一次連立方程式を行列式を使って解きました．この手口は，もっと未知数の多い連立方程式にもそのまま利用することができます．そして，未知数の数が多くなるにつれて，連立方程式のふつうの解き方では手も足も出せないほど複雑になってきますが，行列式を使えば機械的な計算だけで自動的に答が求まってしまいます．さらに，機械的な計算はコンピュータがもっとも得手とするところですから，コンピュータの力を借りられるなら，連立方程式の計算は行列式を使うに限ります．これも，行列式が自然科学や社会科学の解明に有用な理由のひとつと言ってもよいでしょう．

行列式の性質さまざま

　連立方程式は，未知数の数が多くなると並の解き方では手も足も出ないほど複雑になるのですが，行列式を使えば機械的に答が求まってしまうと，前の節に書きました．行列式を使った連立方程式の計算は，確かに小学生レベルの四則演算をシコシコと繰り返すだけですが，けれども，未知数の数が多くなると計算の手間もかなりの量になってしまいます．これは，四元一次の連立方程式を解いた 163 〜 164 ページの計算からも伺い知ることができます．ところが

行列式は，なにせ数字が縦と横にきちんと配置されているくらいですから，いろいろな規則性を持っています．そして，その規則性をじょうずに利用すると，行列式の計算の手間を著しく軽減できることも少なくありません．で，この節以降では，行列式の性質をご紹介していこうと思うのです．

（1）ひとつの行または，ひとつの列の要素がぜんぶ0なら，行列式の値は0です．たとえば

$$\begin{vmatrix} 1 & 2 & 3 \\ 0 & 0 & 0 \\ 4 & 5 & 6 \end{vmatrix} = 0, \quad \begin{vmatrix} -1 & 4 & 0 \\ 2 & -5 & 0 \\ -3 & 6 & 0 \end{vmatrix} = 0$$

です．やってみてください．なんといっても行列の値は155ページの図5.2のように，すべての行または列の値がかけ算に加担して作り出されるのですから，どこかの行か列にゼロばかりが並んでいるようでは，全体がゼロになるのもやむを得ないところです．

（2）ひとつの行（または列）が他の行（または列）とそっくり同じなら，行列式の値は0です．たとえば

$$\begin{vmatrix} 3 & 3 & 3 \\ 3 & 3 & 3 \\ 4 & 5 & 6 \end{vmatrix} = 0, \quad \begin{vmatrix} -1 & 4 & 4 \\ 2 & -5 & -5 \\ -3 & 6 & 6 \end{vmatrix} = 0$$

です．なぜかについては，しばらくお待ちください．

（3）ふたつの行（または列）の要素が比例していると，行列式の値は0です．たとえば

$$\begin{vmatrix} 1 & 2 & 3 \\ 2 & 4 & 6 \\ 7 & 6 & 5 \end{vmatrix} = 0, \quad \begin{vmatrix} 3 & 5 & -1 \\ -6 & 6 & 2 \\ 9 & 7 & -3 \end{vmatrix} = 0$$

V 行列から行列式へ

です．左の例では2行めに1行めの要素をすべて2倍した値が並んでいるし，右の例では1列めが3列めの要素をいっせいに-3倍した値になっているからです．なぜかについては，ジャスト・モーメントです．

(4) ひとつの行(または列)の要素をいっせいにk倍すると，行列式の値がk倍になります．すなわち

$$\begin{vmatrix} a_1 & a_2 & a_3 \\ kb_1 & kb_2 & kb_3 \\ c_1 & c_2 & c_3 \end{vmatrix} = k \begin{vmatrix} a_1 & a_2 & a_3 \\ b_1 & b_2 & b_3 \\ c_1 & c_2 & c_3 \end{vmatrix} \tag{5.14}$$

です．155ページの図5.2を見ていただくとわかるように，左上から右下へのかけ算も右上から左下へのかけ算も，ある行(または列)の要素が1回だけかけ合わされているのですから，その行(または列)がk倍になれば，すべてのかけ算の結果がk倍になる理屈です．

(5) ある行(または列)を他の行(または列)と交換すると，行列式の符号が反対になります．つまり

$$\begin{vmatrix} a_1 & a_2 & a_3 \\ b_1 & b_2 & b_3 \\ c_1 & c_2 & c_3 \end{vmatrix} = - \begin{vmatrix} a_1 & a_2 & a_3 \\ c_1 & c_2 & c_3 \\ b_1 & b_2 & b_3 \end{vmatrix} \tag{5.15}$$

も，ひとつの例です．前の節でやったように，小さな行列——ほんとうに**小行列**と呼ぶのです——に分解して，左辺と右辺が等しいことを立証してみましょう．

$$\begin{aligned} \text{左辺} &= a_1 \begin{vmatrix} b_2 & b_3 \\ c_2 & c_3 \end{vmatrix} - a_2 \begin{vmatrix} b_1 & b_3 \\ c_1 & c_3 \end{vmatrix} + a_3 \begin{vmatrix} b_1 & b_2 \\ c_1 & c_2 \end{vmatrix} \\ &= a_1(b_2 c_3 - b_3 c_2) - a_2(b_1 c_3 - b_3 c_1) + a_3(b_1 c_2 - b_2 c_1) \\ \text{右辺} &= -a_1 \begin{vmatrix} c_2 & c_3 \\ b_2 & b_3 \end{vmatrix} + a_2 \begin{vmatrix} c_1 & c_3 \\ b_1 & b_3 \end{vmatrix} - a_3 \begin{vmatrix} c_1 & c_2 \\ b_1 & b_2 \end{vmatrix} \end{aligned}$$

$$= -a_1(b_3c_2 - b_2c_3) + a_2(b_3c_1 - b_1c_3) - a_3(b_2c_1 - b_1c_2)$$
$$= a_1(b_2c_3 - b_3c_2) - a_2(b_1c_3 - b_3c_1) + a_3(b_1c_2 - b_2c_1)$$

となって,確かに左辺と右辺とが同じです.

(6) ある行(または列)に他の行(または列)の対応する要素の k 倍を加えても引いても行列式の値は変わりません.つまり

$$\begin{vmatrix} a_1 & a_2 & a_3 \\ b_1 & b_2 & b_3 \\ c_1 & c_2 & c_3 \end{vmatrix} = \begin{vmatrix} a_1 + ka_2 & a_2 & a_3 \\ b_1 + kb_2 & b_2 & b_3 \\ c_1 + kc_2 & c_2 & c_3 \end{vmatrix} \tag{5.16}$$

$$\begin{vmatrix} a_1 & a_2 & a_3 \\ b_1 & b_2 & b_3 \\ c_1 & c_2 & c_3 \end{vmatrix} = \begin{vmatrix} a_1 & a_2 & a_3 \\ b_1 & b_2 & b_3 \\ c_1 - ka_1 & c_2 - ka_2 & c_3 - ka_3 \end{vmatrix} \tag{※}$$

です.もちろん,k が1のときには,ある行(または列)に他の行(または列)をたしても引いても行列式の値は変わらない,ということになります.おもしろい性質ではありませんか.2番めの式(※)の右辺を小行列に展開して計算し,ほんとうに左辺と同じになるかを調べてみることにしましょう.

$$a_1 \begin{vmatrix} b_2 & b_3 \\ c_2 - ka_2 & c_3 - ka_3 \end{vmatrix} - a_2 \begin{vmatrix} b_1 & b_3 \\ c_1 - ka_1 & c_3 - ka_3 \end{vmatrix} + a_3 \begin{vmatrix} b_1 & b_2 \\ c_1 - ka_1 & c_2 - ka_2 \end{vmatrix}$$
$$= a_1(b_2c_3 - ka_3b_2 - b_3c_2 + ka_2b_3) - a_2(b_1c_3 - ka_3b_1 - b_3c_1 + ka_1b_3)$$
$$\quad + a_3(b_1c_2 - ka_2b_1 - b_2c_1 + ka_1b_2)$$
$$= a_1(b_2c_3 - b_3c_2) - a_2(b_1c_3 - b_3c_1) + a_3(b_1c_2 - b_2c_1) - ka_1a_3b_2$$
$$\quad + ka_1a_2b_3 + ka_2a_3b_1 - ka_1a_2b_3 - ka_2a_3b_1 + ka_1a_3b_2$$
$$= a_1(b_2c_3 - b_3c_2) - a_2(b_1c_3 - b_3c_1) + a_3(b_1c_2 - b_2c_1)$$
$$= a_1 \begin{vmatrix} b_2 & b_3 \\ c_2 & c_3 \end{vmatrix} - a_2 \begin{vmatrix} b_1 & b_3 \\ c_1 & c_3 \end{vmatrix} + a_3 \begin{vmatrix} b_1 & b_2 \\ c_1 & c_2 \end{vmatrix}$$

これは式(※)の左辺を小行列に展開したものですから，式(※)が成立することが証明できたことになります．

この性質を知れば，(2)や(3)の性質にも合点がいきます．(2)はひとつの行(または列)が他の行(または列)とそっくり同じ場合の性質でしたが，たとえば

$$\begin{vmatrix} 3 & 3 & 3 \\ 3 & 3 & 3 \\ 4 & 5 & 6 \end{vmatrix}$$

では，1行めから2行めを引いても行列式としての値が変わらないのですから

$$\begin{vmatrix} 3 & 3 & 3 \\ 3 & 3 & 3 \\ 4 & 5 & 6 \end{vmatrix} = \begin{vmatrix} 0 & 0 & 0 \\ 3 & 3 & 3 \\ 4 & 5 & 6 \end{vmatrix}$$

であり，この行列式は(1)の性質によって明らかにゼロです．また，(3)は2つの行(または列)の要素が正比例をしている場合でしたが

$$\begin{vmatrix} 1 & 2 & 3 \\ 2 & 4 & 6 \\ 7 & 6 & 5 \end{vmatrix}$$

を例にとると，2行めから1行めの2倍を引けば

$$\begin{vmatrix} 1 & 2 & 3 \\ 2 & 4 & 6 \\ 7 & 6 & 5 \end{vmatrix} = \begin{vmatrix} 1 & 2 & 3 \\ 0 & 0 & 0 \\ 7 & 6 & 5 \end{vmatrix}$$

となり，この行列式は明らかにゼロなのです．

(7) 行と列とをそっくり入れ換えても行列式の値は変わりません．もちろん，1行めが1列めに，2行めが2列めに，3行めが3

列めに……という意味です．たとえば

$$\begin{vmatrix} 1 & 2 & 3 \\ 4 & 5 & 6 \\ 7 & 8 & 9 \end{vmatrix} = \begin{vmatrix} 1 & 4 & 7 \\ 2 & 5 & 8 \\ 3 & 6 & 9 \end{vmatrix}$$

です．行列では，行と列とを入れ換えたら，まったく別の行列になってしまいます．ここにも行列と行列式の大きな差異がみられるし，だいいち，行列では(6)のような操作を行なうことなど，とんでもない話です．なお，行と列とを入れ換えた行列式は，元の行列式に対して**転置行列式**などと呼ばれます．転置行列式などという名前は覚えていただかなくて結構ですが，行と列とをそっくり入れ換えるという操作には，のちほどまた遭遇することになりますから，奇妙な腐れ縁とでもいうほかありません．

あざやかな計算

前節でお目通しした行列式の性質を利用して，行列式を計算する手間を省く例を，ひとつだけ実地にやってみます．

$$\begin{vmatrix} 1 & 4 & 6 & 5 \\ 0 & 2 & 3 & 2 \\ 4 & 5 & 0 & 5 \\ 6 & 0 & 7 & 8 \end{vmatrix}$$

という行列式があるとします．この値を計算するには小行列に展開してシコシコとやればよいのですが，4行4列ともなると，かなりの手間を食ってしまいます．そこで，ちょっとした知恵を働かせます．第4列から第2列を引くのです．

$$
=\begin{vmatrix} 1 & 4 & 6 & 5-4 \\ 0 & 2 & 3 & 2-2 \\ 4 & 5 & 0 & 5-5 \\ 6 & 0 & 7 & 8-0 \end{vmatrix} = \begin{vmatrix} 1 & 4 & 6 & 1 \\ 0 & 2 & 3 & 0 \\ 4 & 5 & 0 & 0 \\ 6 & 0 & 7 & 8 \end{vmatrix}
$$

こうすると,第4列の要素のうち2つが0になってしまいます.行列式の計算はどうせかけ算とたし算ですから,0が多く含まれるほど計算がらくになるにちがいないと読んだのです.つづいて,第2行を2倍して第1行から引きましょう.

$$
=\begin{vmatrix} 1-0 & 4-2\times 2 & 6-3\times 2 & 1-0 \\ 0 & 2 & 3 & 0 \\ 4 & 5 & 0 & 0 \\ 6 & 0 & 7 & 8 \end{vmatrix} = \begin{vmatrix} 1 & 0 & 0 & 1 \\ 0 & 2 & 3 & 0 \\ 4 & 5 & 0 & 0 \\ 6 & 0 & 7 & 8 \end{vmatrix}
$$

だいぶ0がふえましたが,ついでに第4列から第1列を引いておきましょうか.

$$
=\begin{vmatrix} 1 & 0 & 0 & 1-1 \\ 0 & 2 & 3 & 0-0 \\ 4 & 5 & 0 & 0-4 \\ 6 & 0 & 7 & 8-6 \end{vmatrix} = \begin{vmatrix} 1 & 0 & 0 & 0 \\ 0 & 2 & 3 & 0 \\ 4 & 5 & 0 & -4 \\ 6 & 0 & 7 & 2 \end{vmatrix}
$$

これを第1行を軸にして小行列に展開すると,なにしろ第2項,第3項,第4項のリーダーはすべて0ですから

$$
=\begin{vmatrix} 2 & 3 & 0 \\ 5 & 0 & -4 \\ 0 & 7 & 2 \end{vmatrix}
$$

だけになってしまいます.4行4列の行列式が3行3列の行列式に格落ちしてしまったのです.もう,シコシコもたいした手間ではあ

りません.

$$= 2 \begin{vmatrix} 0 & -4 \\ 7 & 2 \end{vmatrix} - 3 \begin{vmatrix} 5 & -4 \\ 0 & 2 \end{vmatrix}$$
$$= 2 \times 4 \times 7 - 3 \times 5 \times 2 = 26$$

となって,あっけなく計算が終わってしまいました.これも,行や列どうしを引いたりして,あちらこちらに0をちりばめてからシコシコに移ったからです.

なお,行列式を小行列へ展開するとき,私たちはいつも第1行を主軸にしてきましたが,なにしろ,行列式は行と列とをそっくり入れ換えてもよいし,符号に注意さえすれば行どうし,列どうしの入れ換えもできるのですから,第1行だけが小行列への展開の主軸でなければならないことはありません.符号に注意さえすれば,どの行どの列を主軸に選んでもよいのです.たとえば,第1列を主軸にすれば

$$\begin{vmatrix} a_1 & a_2 & a_3 \\ b_1 & b_2 & b_3 \\ c_1 & c_2 & c_3 \end{vmatrix} = a_1 \begin{vmatrix} b_2 & b_3 \\ c_2 & c_3 \end{vmatrix} - b_1 \begin{vmatrix} a_2 & a_3 \\ c_2 & c_3 \end{vmatrix} + c_1 \begin{vmatrix} a_2 & a_3 \\ b_2 & b_3 \end{vmatrix}$$

というふうに展開されます(図5.4).

注意が必要なのは,第2行,第4行,……,第2列,第4列,……のように,偶数番めの行や列を主軸にして小行列に展開すると

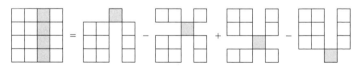

**第3列に沿って展開するときは,
たとえば,こういう感じである.わかるかな?**

図5.4

V　行列から行列式へ

きです．この場合には符号を逆転させなければなりません．なぜかというと，たとえば，第 2 行を主軸に選ぶ場合，それは第 1 行と第 2 行とを入れ換えて

$$\begin{vmatrix} a_1 & a_2 & a_3 \\ b_1 & b_2 & b_3 \\ c_1 & c_2 & c_3 \end{vmatrix} = - \begin{vmatrix} b_1 & b_2 & b_3 \\ a_1 & a_2 & a_3 \\ c_1 & c_2 & c_3 \end{vmatrix}$$

としたうえで，新しい第 1 行を主軸にして

$$= -b_1 \begin{vmatrix} a_2 & a_3 \\ c_2 & c_3 \end{vmatrix} + b_2 \begin{vmatrix} a_1 & a_3 \\ c_1 & c_3 \end{vmatrix} - b_3 \begin{vmatrix} a_1 & a_2 \\ c_1 & c_2 \end{vmatrix}$$

と展開した場合に相当するからです．前節の (5) で述べたように，ある行（または列）を他の行（または列）と入れ換えると，行列式の符号が変わることにご注意ください．

　これに対して，第 3 行を主軸にして展開する場合を考えてみましょう．第 1 行と第 3 行を入れ換えただけでは

$$\begin{vmatrix} a_1 & a_2 & a_3 \\ b_1 & b_2 & b_3 \\ c_1 & c_2 & c_3 \end{vmatrix} = - \begin{vmatrix} c_1 & c_2 & c_3 \\ b_1 & b_2 & b_3 \\ a_1 & a_2 & a_3 \end{vmatrix}$$

となって，a の行より b の行が上にきてしまいますから，さらに第 2 行と新しい第 3 行とを入れ換えて

$$= \begin{vmatrix} c_1 & c_2 & c_3 \\ a_1 & a_2 & a_3 \\ b_1 & b_2 & b_3 \end{vmatrix}$$

としたうえで

$$= c_1 \begin{vmatrix} a_2 & a_3 \\ b_2 & b_3 \end{vmatrix} - c_2 \begin{vmatrix} a_1 & a_3 \\ b_1 & b_3 \end{vmatrix} + c_3 \begin{vmatrix} a_1 & a_2 \\ b_1 & b_2 \end{vmatrix}$$

と展開することになります．つまり，行を2回入れ換えてから第1行に沿って展開することに相当しています．で，行列式の符号は元に戻ってしまうのです．

このように，やってみればわかりますが，他の行の順序を変えないで偶数番めの行を1行めに持ってくるには，奇数回の行の入れ換えが必要なので行列式の符号が変わり，奇数番めの行を1行めに出すには偶数回の行の交換が必要なので，行列式の符号は変わらないという理屈です．列についても事情はまったく同じです．したがって，「偶数番めの行や列を主軸にして小行列に展開するときには行列式の符号を変えろ」という結果になります．

どの行や列を主軸にしても小行列に展開できるという性質と，前節でご紹介した行列式の性質をフルに利用すると，行列式を計算する手数が大いに省けるのが通例です．たとえば，つるかめ算もどきを解いた163ページの4行4列の行列式

$$\begin{vmatrix} 1 & 1 & 1 & 1 \\ 2 & 4 & 6 & 8 \\ 2 & 0 & 4 & 0 \\ 2 & 2 & 5 & 2 \end{vmatrix}$$

を計算するとき，まず，第2行，第3行，第4行から第1行の2倍を引いて

$$= \begin{vmatrix} 1 & 1 & 1 & 1 \\ 0 & 2 & 4 & 6 \\ 0 & -2 & 2 & -2 \\ 0 & 0 & 3 & 0 \end{vmatrix}$$

とし，第1列を主軸に展開すると

$$= \begin{vmatrix} 2 & 4 & 6 \\ -2 & 2 & -2 \\ 0 & 3 & 0 \end{vmatrix}$$

だけになってしまいます.さらに,符号にじゅうぶん注意しながら第3行に沿って展開すると

$$= -3 \begin{vmatrix} 2 & 6 \\ -2 & -2 \end{vmatrix}$$

が残るだけですから

$$= -3\{2\times(-2)-6\times(-2)\} = -3(-4+12) = -3\times8 = -24$$

が,わけなく求まります.163〜164ページの計算に較べると,ずいぶん手際がよくスマートではありませんか.行列式を計算するときには,この手を存分に使ってください.

行列式をばらせ

この節は,前々節につづいて行列式の性質をご紹介させていただきます.前々節では行列式の性質の(7)までいきましたから,この節では(8)から始まります.

(8) ある行(または列)のすべての要素が2つの値の和であれば,行列式は2つに分解できます.すなわち

$$\begin{vmatrix} a_1+a_1' & a_2+a_2' & a_3+a_3' \\ b_1 & b_2 & b_3 \\ c_1 & c_2 & c_3 \end{vmatrix} = \begin{vmatrix} a_1 & a_2 & a_3 \\ b_1 & b_2 & b_3 \\ c_1 & c_2 & c_3 \end{vmatrix} + \begin{vmatrix} a_1' & a_2' & a_3' \\ b_1 & b_2 & b_3 \\ c_1 & c_2 & c_3 \end{vmatrix}$$

(5.17)

なのです.一見なんでもないようですが,これは奇怪な性質なので

す．かりに

$$\begin{vmatrix} 2 & 3 & 4 \\ 5 & 6 & 7 \\ 8 & 9 & 10 \end{vmatrix} \qquad ①$$

という行列式があると思ってください．第1行の 2, 3, 4 は

$$1+1 \quad 1+2 \quad 1+3$$

としても同じことですから，そうすると元の行列式は

$$= \begin{vmatrix} 1+1 & 1+2 & 1+3 \\ 5 & 6 & 7 \\ 8 & 9 & 10 \end{vmatrix} = \begin{vmatrix} 1 & 1 & 1 \\ 5 & 6 & 7 \\ 8 & 9 & 10 \end{vmatrix} + \begin{vmatrix} 1 & 2 & 3 \\ 5 & 6 & 7 \\ 8 & 9 & 10 \end{vmatrix} \qquad ②$$

に分解することができます．けれども，第1行の 2, 3, 4 は

$$1+1 \quad 2+1 \quad 2+2$$

とみなすこともできるので

$$= \begin{vmatrix} 1+1 & 2+1 & 2+2 \\ 5 & 6 & 7 \\ 8 & 9 & 10 \end{vmatrix} = \begin{vmatrix} 1 & 2 & 2 \\ 5 & 6 & 7 \\ 8 & 9 & 10 \end{vmatrix} + \begin{vmatrix} 1 & 1 & 2 \\ 5 & 6 & 7 \\ 8 & 9 & 10 \end{vmatrix} \qquad ③$$

に分解してもよいはずです．さらにまた，元の行列式の第2行に注目して，5, 6, 7 を

$$2+3 \quad 3+3 \quad 3+4$$

とでもみなすと

$$= \begin{vmatrix} 2 & 3 & 4 \\ 2+3 & 3+3 & 3+4 \\ 8 & 9 & 10 \end{vmatrix} = \begin{vmatrix} 2 & 3 & 4 \\ 2 & 3 & 3 \\ 8 & 9 & 10 \end{vmatrix} + \begin{vmatrix} 2 & 3 & 4 \\ 3 & 3 & 4 \\ 8 & 9 & 10 \end{vmatrix} \qquad ④$$

にも分解できてしまいます．たしかに，検算をしてみると行列式①の値はゼロなのですが，②の右辺も，③の右辺も，④の右辺もきちんと

ゼロになり，正しい計算をしていることが立証できます．行列式①の分解の仕方は，②，③，④以外にも無数に存在しますから，一般的に，行列式の分解の仕方は無数にあると言うことができるでしょう．

この性質にも捨て難い利用価値があります．たとえば

$$\begin{vmatrix} 2 & 3 & 4 \\ 5 & 6 & 7 \\ 8 & 9 & 10 \end{vmatrix}$$
①と同じ

の第3行を

$$5+3 \quad 6+3 \quad 7+3$$

とみなしてやると

$$= \begin{vmatrix} 2 & 3 & 4 \\ 5 & 6 & 7 \\ 5 & 6 & 7 \end{vmatrix} + \begin{vmatrix} 2 & 3 & 4 \\ 5 & 6 & 7 \\ 3 & 3 & 3 \end{vmatrix}$$

となりますが，この1番めの行列式は第2行と第3行が同じですから，166ページの(2)によってゼロです．*つづいて，生き残った2番めの行列式の第2行を

$$2+3 \quad 3+3 \quad 4+3$$

とみなすと

$$= \begin{vmatrix} 2 & 3 & 4 \\ 2 & 3 & 4 \\ 3 & 3 & 3 \end{vmatrix} + \begin{vmatrix} 2 & 3 & 4 \\ 3 & 3 & 3 \\ 3 & 3 & 3 \end{vmatrix}$$

---

* 第2行と第3行とを同じにして，値がゼロの行列式を作り出すように意図して分解したのです．2番めの行列式は，①の第3行から第2行を引いても作り出されますが，値がゼロである行列式を分離してゆくという考え方でアプローチしてみました．

となり，1番めの行列式は第1行と第2行が，2番めの行列式は第2行と第3行が等しいので，ともにゼロです．こうして行列式①の値がゼロであることが，たちまち証明されてしまいました．

行列式の分解の仕方は無数にあるという性質は，考えてみれば，たいして奇怪なことではないかもしれません．ふつうの数，たとえば8だって，2と6にも，1と7にも，4.56と3.44にも，つまり無数の分解の仕方があるのですから……．

行列式のかけ算

行列どうしのたし算では

$$\begin{bmatrix} a_{11} & a_{12} \\ a_{21} & a_{22} \end{bmatrix} + \begin{bmatrix} b_{11} & b_{12} \\ b_{21} & b_{22} \end{bmatrix} = \begin{bmatrix} a_{11}+b_{11} & a_{12}+b_{12} \\ a_{21}+b_{21} & a_{22}+b_{22} \end{bmatrix}$$

のように，対応する位置の要素どうしを加え合わせればよいのでした．けれども，行列式の場合には，こうはいきません．たとえば

$$\begin{vmatrix} 1 & 2 \\ 3 & 5 \end{vmatrix} + \begin{vmatrix} 2 & 4 \\ 1 & 3 \end{vmatrix} = (5-6) + (6-4) = 1$$

であるのに

$$\begin{vmatrix} 1+2 & 2+4 \\ 3+1 & 5+3 \end{vmatrix} = \begin{vmatrix} 3 & 6 \\ 4 & 8 \end{vmatrix} = 24 - 24 = 0$$

となって，答が一致しないのです．行列式のたし算の場合には，行列式ひとつひとつが1つの値ですから，行列式ごとに値を求めてから加え合わせてください．

これに対して，行列式どうしのかけ算の場合には，行列のかけ算と同じような演算が成立します．

V 行列から行列式へ

(9) 行列式どうしのかけ算は，行列どうしのかけ算と同じように計算をして差支えありません．たとえば

$$\begin{vmatrix} 1 & 2 \\ 3 & 5 \end{vmatrix} \times \begin{vmatrix} 2 & 4 \\ 1 & 3 \end{vmatrix} = \begin{vmatrix} 1\times 2+2\times 1 & 1\times 4+2\times 3 \\ 3\times 2+5\times 1 & 3\times 4+5\times 3 \end{vmatrix} = \begin{vmatrix} 4 & 10 \\ 11 & 27 \end{vmatrix}$$

なのです．検算をしてみましょうか．

$$\begin{vmatrix} 1 & 2 \\ 3 & 5 \end{vmatrix} \times \begin{vmatrix} 2 & 4 \\ 1 & 3 \end{vmatrix} = (5-6)\times(6-4) = (-1)\times 2 = -2$$

$$\begin{vmatrix} 4 & 10 \\ 11 & 27 \end{vmatrix} = 4\times 27 - 10\times 11 = 108 - 110 = -2$$

となって，確かに合っています．

ここで，ちょっとばかり，おもしろいことに気がつきます．97ページに，2つの行列 A と B とをかけ合わせるとき，一般に

$$AB \neq BA \qquad (3.16) と同じ$$

であると書き，そのひとつの見本として

$$A = \begin{bmatrix} 0 & 1 \\ 2 & 3 \end{bmatrix}, \quad B = \begin{bmatrix} -4 & 3 \\ 2 & -1 \end{bmatrix}$$

であるとき

$$AB = \begin{bmatrix} 0 & 1 \\ 2 & 3 \end{bmatrix}\begin{bmatrix} -4 & 3 \\ 2 & -1 \end{bmatrix} = \begin{bmatrix} 2 & -1 \\ -2 & 3 \end{bmatrix}$$

$$BA = \begin{bmatrix} -4 & 3 \\ 2 & -1 \end{bmatrix}\begin{bmatrix} 0 & 1 \\ 2 & 3 \end{bmatrix} = \begin{bmatrix} 6 & 5 \\ -2 & -1 \end{bmatrix}$$

となって，行列をかけ合わせる順序が異なると，まったく別の行列になってしまうと書きました．そして，その後もしばしば AB と BA とは一般に等しくはないと注意を喚起してきたのでした．

それにもかかわらず，行列式どうしのかけ算は，行列どうしのか

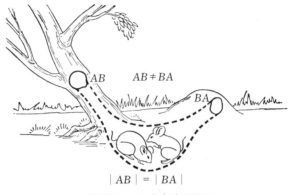

形は異なっても中味は同じ

け算と同じように計算してよいというのです．つまり，行列 A と同じ数値の配列を持つ行列式を $|A|$ で表わし，同様に $|B|$ は行列 B と同じ数値が配列されている行列式とすれば

$$|A||B| = |AB| \tag{5.18}$$

だというのです．ところが，$|A|$ も $|B|$ も行列式なのですから，それぞれひとつの値にしかすぎません．それなら

$$|A||B| = |B||A|$$

であるはずです．さらに式(5.18)の思想によれば

$$|B||A| = |BA|$$

なのですから，したがって

$$|AB| = |BA| \tag{5.19}$$

でなければなりません．

これは，おもしろい性質ではありませんか．

$AB \neq BA$ なのに $|AB| = |BA|$

だというのです．つまり，行列どうしのかけ算はかけ算の順序に

よって異なる行列になってしまうけれど，この異なる行列を行列式とみなすと，同じ値になっているのです．ひとつ179ページの例で試してみましょうか．

$$|A||B| = \begin{vmatrix} 0 & 1 \\ 2 & 3 \end{vmatrix} \begin{vmatrix} -4 & 3 \\ 2 & -1 \end{vmatrix} = \begin{vmatrix} 2 & -1 \\ -2 & 3 \end{vmatrix}$$
$$= 6 - 2 = 4$$
$$|B||A| = \begin{vmatrix} -4 & 3 \\ 2 & -1 \end{vmatrix} \begin{vmatrix} 0 & 1 \\ 2 & 3 \end{vmatrix} = \begin{vmatrix} 6 & 5 \\ -2 & -1 \end{vmatrix}$$
$$= -6 + 10 = 4$$

なるほど，お説のとおりです．

仲良し三角関係

この章では，行列からスタートして行列式へと話を進めてきました．その過程で，行列は数値の配列そのものであって固有の値を持たないのに対し，行列式はひとつの値なのだから，行列と行列式とは名前も体裁もそっくりではあるけれども，ぜんぜん別物と認識する必要があると，繰り返し書いてきました．ぜひ，行列と行列式とを明確に区別していただきたかったからです．けれども，反省してみると，行列と行列式とが無縁であるとの主張が強すぎたかもしれません．行列と行列式とがそれほど無縁なものであるならば，だいいち，この本の標題も『行列と行列式とベクトルのはなし』としなければならないはずです．そこで，この節では反省をこめて，行列と行列式とが決して無縁ではなく，兄弟のような相似があることの一部をご紹介して，お詫びのしるしとしたいと思います．

104ページあたりで

$$\begin{bmatrix} 1 & 0 \\ 0 & 1 \end{bmatrix} \quad \text{や} \quad \begin{bmatrix} 1 & 0 & 0 \\ 0 & 1 & 0 \\ 0 & 0 & 1 \end{bmatrix}$$

のように左上から右下への対角線上にだけ1が並び,その他の要素がぜんぶゼロであるような行列を単位行列といい,ふつうは E で表わし,ほかの行列にこの手の行列を右からかけても左からかけても少しも効きめがなく,ちょうど,ふつうの数どうしのかけ算でいえば1に相当すると書きました.ところが,この単位行列 E から作った行列式の値は,ほんとうに1なのです.つまり

$$|E| = 1 \tag{5.20}$$

なのです.なにしろ,左上から右下への対角線上で行なわれるかけ算が1になるほかは,ぜんぶゼロになってしまうのですから…….

さらに,139ページあたりでは,ある行列 A の逆行列は A^{-1} で表わされ

$$AA^{-1} = E \qquad (4.34)と同じ$$

であると書きました.これとまったくよく似た関係が行列式の場合にも成立します.つまり

$$|A||A^{-1}| = |E| \tag{5.21}$$

と形を揃えて書くことができるのです.$|E| = 1$ ですから,これはまた

$$|A||A^{-1}| = 1 \tag{5.22}$$

となり,さらに $|A|$ も $|A^{-1}|$ もひとつの値にすぎませんから

$$|A^{-1}| = \frac{1}{|A|} \quad \text{または} \quad |A| = \frac{1}{|A^{-1}|}$$

V 行列から行列式へ

となって，ふつうの数

$$a^{-1} = \frac{1}{a} \quad \text{または} \quad a = \frac{1}{a^{-1}}$$

と同型です．第3章で，行列はふつうの数を一般化した概念だと述べましたが，ここに，ふつうの数と行列と行列式との仲良し三角関係が顔を覗かせているではありませんか．

最後に数学の本らしい律気さで式(5.22)が成立することを確かめておきましょうか．136ページに

$$A = \begin{bmatrix} a_{11} & a_{12} \\ a_{21} & a_{22} \end{bmatrix} \qquad (4.25)\text{と同じ}$$

とすれば

$$A^{-1} = \frac{1}{\Delta} \begin{bmatrix} a_{22} & -a_{12} \\ -a_{21} & a_{11} \end{bmatrix} \qquad (4.33)\text{と同じ}$$

$$\text{ただし，} \Delta = a_{11}a_{22} - a_{12}a_{21} \neq 0 \qquad (4.29)\text{と同じ}$$

であると書いてあったことを思い出しておいて，具体的な例としては

$$A = \begin{bmatrix} 4 & 3 \\ 1 & 2 \end{bmatrix}$$

でも選んでみましょう．そうすると

$$|A| = \begin{bmatrix} 4 & 3 \\ 1 & 2 \end{bmatrix} = 8 - 3 = 5$$

ですし，さらに

$$A^{-1} = \frac{1}{\Delta} \begin{bmatrix} a_{22} & -a_{12} \\ -a_{21} & a_{11} \end{bmatrix} = \begin{bmatrix} \dfrac{a_{22}}{\Delta} & -\dfrac{a_{12}}{\Delta} \\ -\dfrac{a_{21}}{\Delta} & \dfrac{a_{11}}{\Delta} \end{bmatrix}$$

$$\Delta = a_{11}a_{22} - a_{12}a_{21} = 4 \times 2 - 3 \times 1 = 5$$

ですから

$$|A^{-1}| = \begin{bmatrix} \dfrac{2}{5} & -\dfrac{3}{5} \\ -\dfrac{1}{5} & \dfrac{4}{5} \end{bmatrix} = \dfrac{8}{25} - \dfrac{3}{25} = \dfrac{5}{25} = \dfrac{1}{5}$$

となって,間違いなく

$$|A|\,|A^{-1}| = 5 \times \dfrac{1}{5} = 1$$

が成立しています.

ホイートストン・ブリッジの謎を解く

抽象的な数学論議が続いてしまいましたので,最後に具体的な例題をひとつだけ解いて,この章をしめくくりたいと思います.図5.5に,わりと形のよい電気回路が描いてあります.この回路はホイートストン・ブリッジ*と呼ばれ,電気に強い方ならハハンと思い当たるほど有名な回路なのですが,なぜハハンなのかはあと回しにして,各所を流れる電流の強さを覚えたての行列式を駆使して計算してみることにしましょう.図の中に書き込まれた記号のうち,電圧 V と抵抗 R_1, R_2, R_3, R_4, r は既知数で,電流 I, I_1, I_2, I_3, I_4, i は未知数です.未知数が6つもあるので,6つの方程式をたてなくてはなりません.

---

* イギリスの物理学者 C. Wheatstone(1802〜1875)が発明したブリッジ回路なので,この名が付いています.

まず，a 点に注目します．a 点に流れ込んでくる電流は I で，a 点から出てゆく電流は I_1 と I_4 です．そうすると

$$I = I_1 + I_4$$

故に　$I - I_1 - I_4 = 0$　　①

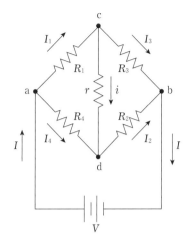

ホイートストン・ブリッジ

図 5.5

でなければなりません．でないと，a 点で電流のふんづまりが生じたり，電流が途切れたりしてしまいます．このように，ある点に流れ込む電流と出てゆく電流とが等しいというルール，いいかえると，ある点に流れ込む電流から出てゆく電流を引くと差し引きゼロになるというルールは「キルヒホッフの第1法則」と呼ばれて，回路を解析するときの重要な手掛りを与えてくれます．同様に b 点，c 点，d 点にキルヒホッフの第1法則を適用すると

$$-I + I_2 + I_3 = 0 \qquad ②$$
$$I_1 - I_3 - i = 0 \qquad ③$$
$$-I_2 + I_4 + i = 0 \qquad (※)$$

となり，早くも合計4つの方程式が得られました．この調子ならホイートストン・ブリッジなんてちょろいもんだと嬉しくなってきますが，実はこれはヌカ喜びなのです．なぜかというと，式①に式(※)を加えると

$$I - I_1 - I_2 + i = 0$$

となりますが，これは式②に式③を加えた

$$-I + I_1 + I_2 - i = 0$$

故に　$I - I_1 - I_2 + i = 0$

と寸分たがわず同じものですから，式(※)は連立方程式を解くための役に立たないのです.[*] 仕方がありませんから，式①，②，③のほかに3つの方程式をたてることにします.

あと3つの方程式は，電圧に注目して作ることにしましょう．まず，aからcの間で$R_1 I_1$の電圧降下が起こり，cからdの間ではriの電圧降下が生じますから，a→c→dの間では，$R_1 I_1 + ri$だけ電圧が降下するかんじょうです．いっぽう，aからdの間では$R_4 I_4$の電圧降下が起こるのですから[**]

$$R_1 I_1 + ri = R_4 I_4$$

故に　$R_1 I_1 - R_4 I_4 + ri = 0$ 　　　　　　　　　　　　　④

でなければなりません．そうでないと，d点としては，a→c→d

---

[*]　あとで作られる行列式を頭に描いてみてください.

①から　　1　−1　　0　　0　−1　　0
②から　−1　　0　　1　　1　　0　　0
③から　　0　　1　　0　−1　　0　−1
④から　　0　　0　−1　　0　　1　　1

としたのでは，第1行に第4行を，第2行に第3行を加えると，新しい第1行と第2行とは

　　　　1　−1　−1　　0　　0　　1
　　　−1　　1　　1　　0　　0　−1

になりますが，この2つの行を加えてやるとぜんぶが0になってしまいます．これでは行列式がゼロになってしまうではありませんか.

[**]　電圧をV, 抵抗をR, 電流をIとすると

$$V = RI$$

で表わされるというのが，世にも名高いオームの法則であります.

の電圧降下か，a→dの電圧降下かのどちらかに違反するハメになり，立つ瀬がないではありませんか．つづいて，c→d→bの間に起こる電圧降下とc→bの間のそれとが等しいことから

$$ri + R_2I_2 = R_3I_3$$

故に　$R_2I_2 - R_3I_3 + ri = 0$　　　　　　　　　　⑤

が得られます．そして最後に，電圧 V の電池からa, d, bと回って電池に戻る回路では，$R_4I_4 + R_2I_2$ の電圧降下と電池の電圧 V が等しいはずですから

$$R_2I_2 + R_4I_4 = V \qquad ⑥$$

となって，めでたく6つの方程式が得られました．

整理して書くと

$$\begin{aligned}
I - I_1 \qquad\qquad\quad - I_4 \qquad\quad &= 0 \quad ①と同じ\\
-I \qquad + I_2 + I_3 \qquad\qquad\qquad &= 0 \quad ②と同じ\\
I_1 \quad - I_3 \qquad\qquad - i &= 0 \quad ③と同じ\\
R_1I_1 \qquad\qquad - R_4I_4 + ri &= 0 \quad ④と同じ\\
R_2I_2 - R_3I_3 \qquad + ri &= 0 \quad ⑤と同じ\\
R_2I_2 \qquad + R_4I_4 \qquad &= V \quad ⑥と同じ
\end{aligned}$$

となります．この六元　次の連立方程式を例によって行列式を使って解こうというのです．6行6列の行列式を計算するのは，ふつうはかなりの手間を要する作業なのですが，幸いにも，この六元一次連立方程式は虫喰いだらけで，ゼロの項があちらこちらに散りばめられていますから，行列式の計算も比較的らくに進むだろうと楽しみです．

6つの未知数をぜんぶ計算するのは紙面の都合で勘弁していただき，代表として i を求めてみることにします．私たちの六元一次連

立方程式の左辺を表わす行列式は

$$\begin{vmatrix} 1 & -1 & 0 & 0 & -1 & 0 \\ -1 & 0 & 1 & 1 & 0 & 0 \\ 0 & 1 & 0 & -1 & 0 & -1 \\ 0 & R_1 & 0 & 0 & -R_4 & r \\ 0 & 0 & R_2 & -R_3 & 0 & r \\ 0 & 0 & R_2 & 0 & R_4 & 0 \end{vmatrix}$$

です．この値を，ふつうΔと書いてしまいます．どの未知数を計算するときにも共通な分母ですから，ひと口で呼べる名称を与えておくのが良策だからです．では，Δから計算開始です．

$$\Delta = \begin{vmatrix} 1 & -1 & 0 & 0 & -1 & 0 \\ -1 & 0 & 1 & 1 & 0 & 0 \\ 0 & 1 & 0 & -1 & 0 & -1 \\ 0 & R_1 & 0 & 0 & -R_4 & r \\ 0 & 0 & R_2 & -R_3 & 0 & r \\ 0 & 0 & R_2 & 0 & R_4 & 0 \end{vmatrix}$$

$$= \begin{vmatrix} 0 & 1 & 1 & 0 & 0 \\ 1 & 0 & -1 & 0 & -1 \\ R_1 & 0 & 0 & -R_4 & r \\ 0 & R_2 & -R_3 & 0 & r \\ 0 & R_2 & 0 & R_4 & 0 \end{vmatrix} + \begin{vmatrix} -1 & 0 & 0 & -1 & 0 \\ 1 & 0 & -1 & 0 & -1 \\ R_1 & 0 & 0 & -R_4 & r \\ 0 & R_2 & -R_3 & 0 & r \\ 0 & R_2 & 0 & R_4 & 0 \end{vmatrix}$$

$$= -\begin{vmatrix} 1 & -1 & 0 & -1 \\ R_1 & 0 & -R_4 & r \\ 0 & -R_3 & 0 & r \\ 0 & 0 & R_4 & 0 \end{vmatrix} + \begin{vmatrix} 1 & 0 & 0 & -1 \\ R_1 & 0 & -R_4 & r \\ 0 & R_2 & 0 & r \\ 0 & R_2 & R_4 & 0 \end{vmatrix}$$

$$
\begin{aligned}
&-\begin{vmatrix} 0 & -1 & 0 & -1 \\ 0 & 0 & -R_4 & r \\ R_2 & -R_3 & 0 & r \\ R_2 & 0 & R_4 & 0 \end{vmatrix} + \begin{vmatrix} 1 & 0 & -1 & -1 \\ R_1 & 0 & 0 & r \\ 0 & R_2 & -R_3 & r \\ 0 & R_2 & 0 & 0 \end{vmatrix} \\
&= R_4 \begin{vmatrix} 1 & -1 & -1 \\ R_1 & 0 & r \\ 0 & -R_3 & r \end{vmatrix} + \begin{vmatrix} 0 & -R_4 & r \\ R_2 & 0 & r \\ R_2 & R_4 & 0 \end{vmatrix} + \begin{vmatrix} R_1 & 0 & -R_4 \\ 0 & R_2 & 0 \\ 0 & R_2 & R_4 \end{vmatrix} \\
&\quad - \begin{vmatrix} 0 & -R_4 & r \\ R_2 & 0 & r \\ R_2 & R_4 & 0 \end{vmatrix} - \begin{vmatrix} 0 & 0 & -R_4 \\ R_2 & -R_3 & 0 \\ R_2 & 0 & R_4 \end{vmatrix} + R_2 \begin{vmatrix} 1 & -1 & -1 \\ R_1 & 0 & r \\ 0 & -R_3 & r \end{vmatrix} \\
&= (R_2 + R_4) \begin{vmatrix} 1 & -1 & -1 \\ R_1 & 0 & r \\ 0 & -R_3 & r \end{vmatrix} + \begin{vmatrix} R_1 & 0 & -R_4 \\ 0 & R_2 & 0 \\ 0 & R_2 & R_4 \end{vmatrix} - \begin{vmatrix} 0 & 0 & -R_4 \\ R_2 & -R_3 & 0 \\ R_2 & 0 & R_4 \end{vmatrix} \\
&= (R_2 + R_4) \begin{vmatrix} 0 & r \\ -R_3 & r \end{vmatrix} - (R_2 + R_4) R_1 \begin{vmatrix} -1 & -1 \\ -R_3 & r \end{vmatrix} \\
&\quad + R_1 \begin{vmatrix} R_2 & 0 \\ R_2 & R_4 \end{vmatrix} + R_4 \begin{vmatrix} R_2 & -R_3 \\ R_2 & 0 \end{vmatrix} \\
&= (R_2 + R_4)(rR_3 + rR_1 + R_1 R_3) + R_1 R_2 R_4 + R_2 R_3 R_4 \\
&= rR_2 R_3 + rR_1 R_2 + R_1 R_2 R_3 + rR_3 R_4 + rR_1 R_4 + R_1 R_3 R_4 \\
&\quad + R_1 R_2 R_4 + R_2 R_3 R_4 \\
&= r(R_1 R_2 + R_2 R_3 + R_3 R_4 + R_4 R_1) + R_1 R_2 R_3 + R_1 R_3 R_4 + R_1 R_2 R_4 \\
&\quad + R_2 R_3 R_4
\end{aligned}
$$

いやー，ご苦労さま．なるほど，ホイートストン・ブリッジの高名にたがわず，簡単にはストンといきませんでした．けれども，Δの計算結果は秩序正しい形をしています．rに従う（　）の中は，Rの添字が

1と2, 2と3, 3と4, 4と1になっているし，それに続く4つの項は $R_1R_2R_3R_4$ から1字ずつ公平に脱落しているのが見られます．

さて，最後の気力をふりしぼって i の計算に移ります．

$$i = \frac{1}{\Delta} \begin{vmatrix} 1 & -1 & 0 & 0 & -1 & 0 \\ -1 & 0 & 1 & 1 & 0 & 0 \\ 0 & 1 & 0 & -1 & 0 & 0 \\ 0 & R_1 & 0 & 0 & -R_4 & 0 \\ 0 & 0 & R_2 & -R_3 & 0 & 0 \\ 0 & 0 & R_2 & 0 & R_4 & V \end{vmatrix}$$

$$= \frac{V}{\Delta} \begin{vmatrix} 1 & -1 & 0 & 0 & -1 \\ -1 & 0 & 1 & 1 & 0 \\ 0 & 1 & 0 & -1 & 0 \\ 0 & R_1 & 0 & 0 & -R_4 \\ 0 & 0 & R_2 & -R_3 & 0 \end{vmatrix}$$

$$= \frac{V}{\Delta} \begin{vmatrix} 0 & 1 & 1 & 0 \\ 1 & 0 & -1 & 0 \\ R_1 & 0 & 0 & -R_4 \\ 0 & R_2 & -R_3 & 0 \end{vmatrix} + \frac{V}{\Delta} \begin{vmatrix} -1 & 0 & 0 & -1 \\ 1 & 0 & -1 & 0 \\ R_1 & 0 & 0 & -R_4 \\ 0 & R_2 & -R_3 & 0 \end{vmatrix}$$

$$= \frac{V}{\Delta} R_4 \begin{vmatrix} 0 & 1 & 1 \\ 1 & 0 & -1 \\ 0 & R_2 & -R_3 \end{vmatrix} + \frac{V}{\Delta} R_2 \begin{vmatrix} -1 & 0 & -1 \\ 1 & -1 & 0 \\ R_1 & 0 & -R_4 \end{vmatrix}$$

$$= -\frac{V}{\Delta} R_4 \begin{vmatrix} 1 & 1 \\ R_2 & -R_3 \end{vmatrix} - \frac{V}{\Delta} R_2 \begin{vmatrix} -1 & -1 \\ R_1 & -R_4 \end{vmatrix}$$

$$= -\frac{V}{\Delta} \{R_4(-R_3 - R_2) + R_2(R_4 + R_1)\}$$

$$= -\frac{V}{\Delta}(R_1R_2 - R_3R_4) \tag{5.23}$$

こんどは比較的こざっぱりとした答になりました．

ホイートストン・ブリッジは，図5.6のように中央に電流計Ⓖを配置し，電流計に電流iが流れないように抵抗の値を調節して使用するのが目的です．こうすると，iの値を表わす式(5.23)によって

$$-\frac{V}{\Delta}(R_1R_2 - R_3R_4) = 0 \tag{5.24}$$

∴ $R_1R_2 - R_3R_4 = 0$

ですから

$$R_1 = \frac{R_4}{R_2}R_3 \tag{5.25}$$

が得られます．この関係を利用すれば未知の電気抵抗R_1を既知の抵抗R_2, R_3, R_4によって求めることができ，これがホイートストン・ブリッジの目的なのです．電流計は微弱な電流にでも敏感に反応するものが作られているので，電流iがゼロの瞬間をきちっと捕えられるし，R_4/R_2によって適当な比例定数を作ることができるし，あとはR_3の値によってR_1を知ることができようというものです．

こういうわけですから，電気の参考書などでは，Δはゼロではないの

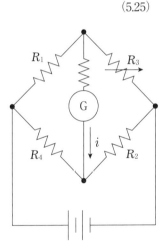

未知の抵抗を測定する

図5.6

でとか，Δがゼロでないとすればとか断わって，Δの計算は省略し，式(5.23)，式(5.24)と経過して，ホイートストン・ブリッジの平衡条件は式(5.25)であると書いてあるのがふつうです．

　ホイートストン・ブリッジは，電気回路の中ではやや凝った部類に属します．けれども，行列式を使用することで，さほどの苦痛なく解析することができました．一般に電気回路の解析には多元一次連立方程式を解くことが多く，行列式が活躍する一場面といえそうです．

VI　ベクトルと行列の総がらみ

ベクトル女性教室

　古い小説で恐縮ですが，石川達三著『結婚の生態』から十数行を引用させていただきます．

　「私は暇をみては其志子と碁盤をかこんで挾み将棋や五目ならべをして遊んだ．また機会をみて数学を教えようと思っていた．これらは感情を全く拒んで冷静な理智をはたらかせることの練習になると信じたのである．数学の問題を解き得たとき，私たちは知的活動のよろこびを知る．その喜びこそはわれわれのあらゆる進歩の根本的な一要素だ.」

　「良き理智を習練するに好都合なものはないか．私は数学を選んだ．数学の中でも代数のような抽象的なものは女の頭には興味が少ないだろう．（知識をとりいれようとするならばそれをうまがって食わなければ駄目だ）数学の中で一番女の頭で興味をもてるものは具体的なもの，結局私が考えついたものは初等幾何学で

あった.」

「私は幾何学の綿密に解説した参考書を探し出し,ノートとコンパスと三角定規とを買って与えた.ところで其志子はその第一頁(ページ)をひらいて愕いてしまった.幾何学とは物体が空間を占有する有様について研究する学問である.物質に関係なく空間に描かれた形と位置と大いさとについて研究する学問である.さらに,点とは大いさも幅も厚さもなくてただ位置があるのみである.線とは位置と長さがあるばかりで幅も太さもない.'面白い,こりゃ面白い!'彼女は坐り直してそう叫んだ……」

『結婚の生態』は1938年に書かれた作品ですから,現代の意識や風俗からみれば不自然なところがあります.とくに「女性の頭」を見くだしたようなトーンは,性差別だ女性蔑視だと,反論を呼ぶに違いありません.けれども,冷静な理智を習練するために数学を選び,数学の中では抽象的な論議より形を目で確かめることのできる幾何学のほうに興味が湧きやすいだろうという見解は,女性の頭にも男性の頭にも,また,いつの時代にも通用する事実ではないでしょうか.

この本では,第1章以来,ベクトルや行列をなるべく具体的な例題を引き合いに出しながら解説してきたつもりですが,この章では,最後のダメ押しのつもりで,ベクトルや行列を幾何学と結びつけて,図形をこの目で確かめながら話を進めていこうと思います.

まず,簡単な例からはじめます.2つのベクトル

$$\vec{a} = \begin{bmatrix} a_x \\ a_y \end{bmatrix} \quad \text{と} \quad \vec{b} = \begin{bmatrix} b_x \\ b_y \end{bmatrix} \quad \left. \begin{matrix} (2.4) \\ (2.5) \end{matrix} \right\} \quad \text{と同じ}$$

であるとするのですが,新陳代謝が活発でベクトルをすっかり忘れてしまった方は,念のために38ページの図2.5あたりを眺めて,

VI ベクトルと行列の総がらみ

$\vec{a}$ の x 成分が a_x, y 成分が a_y であったことを思い出していただくと好都合です.

さて,とっかかりの問題は,2つのベクトル $\vec{a}$ と $\vec{b}$ とが垂直であるための条件を求めてみようというのです.「女性の頭」に敬意を表して,図6.1にこの問題を解くための図を描いておきましたので,見てください.

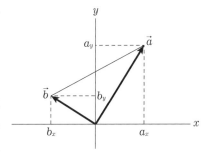

平面内で直交する2つのベクトル
よくわかります

図 6.1

2つのベクトルは,それぞれ長さと方向が変わらなければどこへ移動してもかまいませんから,図のように両者の始点を座標の原点に一致させてみました.この2つのベクトルが垂直であれば,両ベクトルの終点を結んでできる三角形は直角三角形であり,したがって,この三角形について三平方の定理が成り立つはずです.すなわち

$$(\vec{a} \text{ の長さ})^2 = a_x^2 + a_y^2$$
$$(\vec{b} \text{ の長さ})^2 = b_x^2 + b_y^2$$

(終点を結ぶ直線の長さ$)^2 = (a_x - b_x)^2 + (a_y - b_y)^2$

ですから

$$a_x^2 + a_y^2 + b_x^2 + b_y^2 = (a_x - b_x)^2 + (a_y - b_y)^2$$
$$= a_x^2 - 2a_xb_x + b_x^2 + a_y^2 - 2a_yb_y + b_y^2$$

となり,うまいぐあいに両辺の a_x^2, a_y^2, b_x^2, b_y^2 が消えて

$$0 = -2a_xb_x - 2a_yb_y$$
$$\therefore \quad a_xb_x + a_yb_y = 0 \tag{6.1}$$

が得られます．逆に言えば，式(6.1)なら$\vec{a}$と$\vec{b}$とが作る三角形は直角三角形であり，したがって$\vec{a}$と$\vec{b}$とのなす角は直角であるにちがいありません．つまり，式(6.1)は$\vec{a}$と$\vec{b}$とが垂直であることを示しています．

式(6.1)はまた，つぎのようにしても求められます．ちょっと厄介ではありますが，3次元の場合への足がかりですから，付き合ってください．56ページに$\vec{a}$と$\vec{b}$との内積は両者の間の角度をθとすると

$$\vec{a} \cdot \vec{b} = |\vec{a}||\vec{b}|\cos\theta \qquad \text{(2.16)と同じ}$$

であると書きました．つまり

$$\cos\theta = \frac{\vec{a} \cdot \vec{b}}{|\vec{a}||\vec{b}|} \qquad (6.2)$$

です．いっぽう，$|\vec{a}|$と$|\vec{b}|$は$\vec{a}$と$\vec{b}$の大きさですから

$$|\vec{a}| = \sqrt{a_x^2 + a_y^2}$$
$$|\vec{b}| = \sqrt{b_x^2 + b_y^2}$$

ですし，また

$$\vec{a} \cdot \vec{b} = \begin{bmatrix} a_x \\ a_y \end{bmatrix} \cdot \begin{bmatrix} b_x \\ b_y \end{bmatrix} = a_x b_x + a_y b_y \qquad \text{(2.19)と同じ}$$

でしたから，これらを式(6.2)に代入すると

$$\cos\theta = \frac{a_x b_x + a_y b_y}{\sqrt{a_x^2 + a_y^2}\sqrt{b_x^2 + b_y^2}} \qquad (6.3)$$

となります．ところが，$\vec{a}$と$\vec{b}$とが垂直であるということはθが90°であることを意味するし，$\cos 90°$は0ですから，$\vec{a}$と$\vec{b}$とが垂直であるためには，式(6.3)が0でなければなりません．式(6.3)が0になるのは

$$a_x b_x + a_y b_y = 0 \qquad (6.1)と同じ$$

のときです．このようにして，$\vec{a}$ と $\vec{b}$ が垂直であるための条件式(6.1)を求めることもできます．

2つのベクトルが垂直になる条件

こんどは，$\vec{a}$ と $\vec{b}$ が3次元空間内のベクトル

$$\vec{a} = \begin{bmatrix} a_x \\ a_y \\ a_z \end{bmatrix}, \quad \vec{b} = \begin{bmatrix} b_x \\ b_y \\ b_z \end{bmatrix}$$

として，$\vec{a}$ と $\vec{b}$ とが垂直になる条件を見つけてみましょう．図6.2にその説明図を描いてみました．けれども，なにしろ2次元の平面上に3次元の絵を描こうというのですから，無理があります．想像力を働かせて z 軸は紙面に垂直にとび出していると思ってください．また，$\vec{a}$ は紙面より斜右前方へ，$\vec{b}$ は紙面より斜左後方に向かっていて，$\vec{a}$ と $\vec{b}$ とは直角に交っているとも思っていただくのです．そうすると，$\vec{a}$ と $\vec{b}$ と両ベクトルの終点を結ぶ直線とが作る三角形は直角三角形ですから，この三角形について三平方の定理が成立し，平面上のベクトルの場合がそうであったように，これが $\vec{a}$ と $\vec{b}$ とが垂直であるための条件への手掛りを与えてくれるにちがいありません．けれども，この三角形の各辺の長さは，いったい，いくらなのでしょうか．

まず，$\vec{a}$ の終点をAとし，Aから xz 平面に降した垂線が xz 平面にぶつかる点をA′とします．そうすると原点OとA′の距離 $\overline{\mathrm{OA'}}$ は

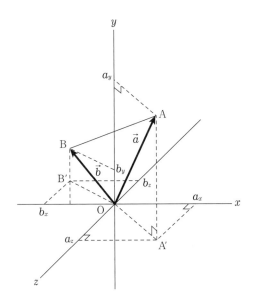

**3次元空間内で直交する2つのベクトル
よくわかりませんなあ**

図 6.2

$$\overline{OA'}^2 = a_x^2 + a_z^2$$

で表わされます．つぎに，三角形 OA'A に注目すれば

$$\overline{OA}^2 = \overline{OA'}^2 + \overline{AA'}^2$$

ですが，ここで，$\overline{OA} = |\vec{a}|$，$\overline{AA'} = a_y$ ですから，したがって

$$|\vec{a}|^2 = a_x^2 + a_y^2 + a_z^2$$

$$\therefore \quad |\vec{a}| = \sqrt{a_x^2 + a_y^2 + a_z^2} \tag{6.4}$$

が得られます．まったく同じ手口によって

$$|\vec{b}| = \sqrt{b_x^2 + b_y^2 + b_z^2} \tag{6.5}$$

であることも合点がいくでしょう．

このあたりまでは，懸命に想像力を働かせて平面に描かれた図形を頭の中で立体的に組み立てながら不承不承に合点するのですが，さてそのつぎ，両ベクトルの終点間の距離 $\overline{AB}$ はいくらか，となると一筋縄ではいきません．立体座標に馴染んでいる方なら，$\overline{AB}$ の x 軸方向の長さは $a_x - b_x$，y 軸方向の長さは $a_y - b_y$，z 軸方向の長さは $a_z - b_z$ だから

$$\overline{AB}^2 = (a_x - b_x)^2 + (a_y - b_y)^2 + (a_z - b_z)^2 \tag{6.6}$$

と書いて澄ましていますが，ひごろ立体座標なるものと格別に親しくもない一般の方には，ここのところがよくわかりません．やはり，幾何学的な図形から読みとれる寸法を逐一説明をしてもらわないと合点がいかないのです．そして，その説明はとても煩雑で，説明されるほうはもちろん，説明するほうもゲンナリしてしまい，簡単には合点していただけません．*

　合点がいかないまま先へ進むのは数学がもっとも忌み嫌うところです．そこで，方向転換して $\vec{a}$ と $\vec{b}$ の内積に注目します．そうすると

$$\vec{a} \cdot \vec{b} = |\vec{a}| |\vec{b}| \cos\theta \tag{2.16}$$

と同じを変形して

---

* 式(6.6)に合点がいく方は
$$|\vec{a}|^2 + |\vec{b}|^2 = \overline{AB}^2$$
に式(6.4)，(6.5)，(6.6)を代入して
$$a_x^2 + a_y^2 + a_z^2 + b_x^2 + b_y^2 + b_z^2$$
$$= (a_x - b_x)^2 + (a_y - b_y)^2 + (a_z - b_z)^2$$
$$= a_x^2 - 2a_x b_x + b_x^2 + a_y^2 - 2a_y b_y + b_y^2 + a_z^2 - 2a_z b_z + b_z^2$$
∴　$0 = -2a_x b_x - 2a_y b_y - 2a_z b_z$
∴　$a_x b_x + a_y b_y + a_z b_z = 0$
を得ることができます．

$$\cos\theta = \frac{\vec{a}\cdot\vec{b}}{|\vec{a}||\vec{b}|} \qquad (6.2)と同じ$$

とし,これに式(6.4)と(6.5)で得た $|\vec{a}|$ と $|\vec{b}|$ を代入し,さらに

$$\vec{a}\cdot\vec{b} = \begin{bmatrix} a_x \\ a_y \\ a_z \end{bmatrix} \cdot \begin{bmatrix} b_x \\ b_y \\ b_z \end{bmatrix} = a_x b_x + a_y b_y + a_z b_z \qquad (2.20)と同じ$$

の関係を代入すると

$$\cos\theta = \frac{a_x b_x + a_y b_y + a_z b_z}{\sqrt{a_x^2 + a_y^2 + a_z^2}\sqrt{b_x^2 + b_y^2 + b_z^2}} \qquad (6.7)$$

が得られます.そして,$\vec{a}$ と $\vec{b}$ とが垂直であるためには θ が $90°$ であり,つまり $\cos\theta$ が 0 でなければなりませんから,$\vec{a}$ と $\vec{b}$ が垂直であるための条件は

$$a_x b_x + a_y b_y + a_z b_z = 0 \qquad (6.8)$$

であることが,たちまちわかってしまいます.2次元のベクトル $\vec{a}$ と $\vec{b}$ とが垂直であるための条件は

$$a_x b_x + a_y b_y = 0 \qquad (6.1)と同じ$$

でしたから,きれいに形が揃っているではありませんか.

前節からの筋書きを反芻してみていただけませんか.$\vec{a}$ と $\vec{b}$ とが垂直である条件を求めたのですが,2次元の場合には図6.1に描かれた幾何学的な図形を見ながら答の式(6.1)に到達することができました.そして,それはベクトルの内積などという珍奇な概念を利用して抽象的な運算をするより,はるかに理解しやすかったと思います.石川達三の言葉を借りるなら,抽象的な運算よりはるかに「女性の頭むき」だったのです.

けれども,3次元の場合になると形勢は逆転しました.図6.2に

描かれた幾何学的な図形は，懸命に想像力を働かせても理解しにくく，この図形からは容易に$\vec{a}$と$\vec{b}$が垂直であるための条件を導き出すことができません．これに対して，前ページのように代数的な運算をすることで，僅か半ページで答が得られてしまったのです．こうなると，ちょっとレベルの高い数学では，具体的なものばかりにしがみついているのは得策とは言えないようです．

さらに，$\vec{a}$と$\vec{b}$とが4次元のベクトルとして両ベクトルが垂直である条件を求めるとしたら，どうでしょうか．4次元の絵を描くことは絶対に不可能です．なにしろ，4次元の図形を脳裏に描くことさえノーベル賞ものの頭脳をお持ちの方でも現世では不可能なのですから……．けれども，代数的に計算することなら，3次元の場合と同様に，すいすいです．やはり，数学では抽象的であることを怖れていては大成の見込みがないようです．抽象度が高いほど広い応用範囲を持つのがふつうなのですから……．

抽象度と応用力との関係について，何かで読んで，いい例だなと感心した話があるので紹介させていただきます．文明の発達していない土地の人々に3人と2人とをいっしょにすると5人になることをやっと教え込んだので，ついでに3本のバナナと2本のバナナをいっしょにすると何本かと尋ねると，もうわからないのです．いま教えたじゃないかというと，3人と2人とで5人になることは習ったけれど，3本と2本とが何本になるかは習っていないというのだそうです．「3 + 2 = 5」は文明の発達していない土地の人々には抽象度が高すぎたのでしょうか．これに対して，私たちは抽象度の高い「3 + 2 = 5」を理解しているので，人数でも，バナナの数でも，リットル単位の酒の場合にも「3 + 2 = 5」が応用できるのです．

7 点一致の物語り

驚くべき問題に挑戦しようと思います．驚くべき問題ではありますが，この章の趣旨がベクトルや行列を幾何学と結びつけてこの目で確かめながら話を進めることにあったことを忘れてはいません．図 6.3 を見てください．どのような四角形でもよいのですが，とりあえずかなり歪んだ四角形 ABCD を準備しました．この四角形でつぎの 7 つの点がすべて一致することを証明してみようというのです．

① 辺 AB の中点と辺 CD の中点を結ぶ線分の中点

② 辺 BC の中点と辺 DA の中点を結ぶ線分の中点

③ 対角線 AC の中点と対角線 BD の中点とを結ぶ線分の中点

④ 三角形 ABD の重心と頂点 C とを結ぶ線分を $1:3$ に分ける点

⑤ 三角形 ABC の重心と頂点 D とを結ぶ線分を $1:3$ に分ける点

⑥ 三角形 BCD の重心と頂点 A とを結ぶ線分を $1:3$ に分ける点

⑦ 三角形 ACD の重心と頂点 B とを結ぶ線分を $1:3$ に分ける点

いかがですか．多少は野次馬根性をくすぐられそうでしょうか．余計なおせっかいかもしれませんが，野次馬根性は進歩のための貴重な動機のひとつです．

証明にとりかかる前に，ちょっとした準備体操をいたします．図 6.4 の①を見てください．点 A と点 B とを結ぶ線分の中点 P を求

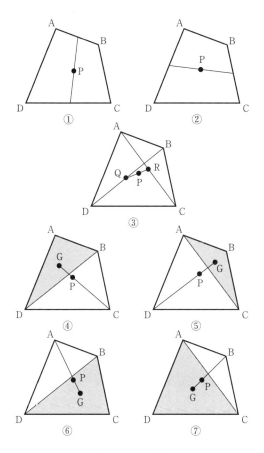

P点はすべて一致するか

図 6.3

めるのにベクトルを利用しているところです．点 A を位置ベクトル $\vec{a}$，点 B を $\vec{b}$，A と B との中間点 P を $\vec{p}$ で表わすと

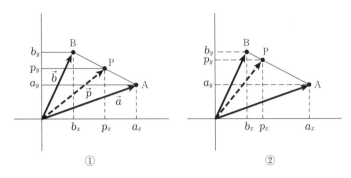

① ②

ちょっとした準備体操のポーズ

図 6.4

$$\vec{a} = \begin{bmatrix} a_x \\ a_y \end{bmatrix}, \quad \vec{b} = \begin{bmatrix} b_x \\ b_y \end{bmatrix}, \quad \vec{p} = \begin{bmatrix} p_x \\ p_y \end{bmatrix}$$

と書くことができます.ところが,図を見ていただくとわかるように,p_x は a_x と b_x の平均値ですし,また p_y は a_y と b_y の平均値です.つまり

$$p_x = \frac{a_x + b_x}{2}, \quad p_y = \frac{a_y + b_y}{2} \tag{6.9}$$

ですから

$$\vec{p} = \begin{bmatrix} \dfrac{a_x + b_x}{2} \\ \dfrac{a_y + b_y}{2} \end{bmatrix} = \begin{bmatrix} \dfrac{a_x}{2} + \dfrac{b_x}{2} \\ \dfrac{a_y}{2} + \dfrac{b_y}{2} \end{bmatrix} = \begin{bmatrix} \dfrac{a_x}{2} \\ \dfrac{a_y}{2} \end{bmatrix} + \begin{bmatrix} \dfrac{b_x}{2} \\ \dfrac{b_y}{2} \end{bmatrix}$$

$$= \frac{1}{2} \begin{bmatrix} a_x \\ a_y \end{bmatrix} + \frac{1}{2} \begin{bmatrix} b_x \\ b_y \end{bmatrix} = \frac{1}{2}\vec{a} + \frac{1}{2}\vec{b}$$

したがって

$$p = \frac{\vec{a}+\vec{b}}{2} \tag{6.10}$$

ということになります．この結果は，$\vec{a}$ と $\vec{b}$ の中間点がその平均値だというのですから，まことにもっともな話です．そして，ふつうの数で書くと式(6.9)のように2つの式を使わなければ表わせない性質が，1つの式で表わされてしまうのですから，ありがたいことです．

ついでに，図6.4の②のように，A点とB点の間を3：1に分ける点Pの位置を求めてみましょう．

$$p_x = \frac{a_x + 3b_x}{4}, \quad p_y = \frac{a_y + 3b_y}{4}$$

ですから

$$\vec{p} = \begin{bmatrix} \dfrac{a_x+3b_x}{4} \\ \dfrac{a_y+3b_y}{4} \end{bmatrix} = \begin{bmatrix} \dfrac{a_x}{4} \\ \dfrac{a_y}{4} \end{bmatrix} + \begin{bmatrix} \dfrac{3b_x}{4} \\ \dfrac{3b_y}{4} \end{bmatrix} = \frac{1}{4}\vec{a} + \frac{3}{4}\vec{b}$$

したがって

$$\vec{p} = \frac{\vec{a}+3\vec{b}}{4} \tag{6.11}$$

となり，これもまことに，もっともな話です．

このように，位置ベクトルを活用すると三角形の重心などもスマートに求めることができます．三角形の重心Gは図6.5のように，1つの頂点と対辺の中点との間を2：1に分ける位置にあることはご承知のとおりですが，この位置をベクトル計算で求めてみましょう．もちろん，A，B，Cの位置ベクトルを $\vec{a}$, $\vec{b}$, $\vec{c}$ として，重心

の位置ベクトル $\vec{g}$ を求めるのです．では始めます．BとCとの中点の位置ベクトルは

$$\frac{\vec{b}+\vec{c}}{2}$$

ですから，A点とこの点との間を2：1に分ける点Gの位置ベクトル，つまり，重心の位置ベクトルは

$$\vec{g} = \frac{\vec{a}+2\dfrac{\vec{b}+\vec{c}}{2}}{3} = \frac{\vec{a}+\vec{b}+\vec{c}}{3} \tag{6.12}$$

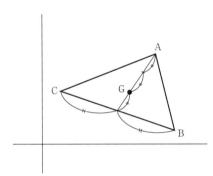

三角形の重心の在りか

図 6.5

です．あっという間に，重心の位置が求まってしまいました．なんと，鮮かなことでしょう！

これで，準備体操は終わりです．ぼちぼち問題の証明にとりかかるとしましょうか．前のページをめくっていただくのは申し訳ないのですが，203ページの図6.3と対照させながら読み進んでいきたいと存じます．A, B, C, D, G, Pの位置ベクトルを $\vec{a}$, $\vec{b}$, $\vec{c}$, $\vec{d}$, $\vec{g}$, $\vec{p}$ で表わすことはいままでと同じです．

① 辺ABの中点と辺CDの中点を結ぶ線分の中点

ABの中点は　$\dfrac{\vec{a}+\vec{b}}{2}$

CD の中点は　$\dfrac{\vec{c}+\vec{d}}{2}$

したがって，この2点の中点は

$$\vec{p} = \dfrac{\dfrac{\vec{a}+\vec{b}}{2}+\dfrac{\vec{c}+\vec{d}}{2}}{2} = \dfrac{\vec{a}+\vec{b}+\vec{c}+\vec{d}}{4} \tag{6.13}$$

となります．

② 辺 BC の中点と辺 DA の中点を結ぶ線分の中点

BC の中点は　$\dfrac{\vec{b}+\vec{c}}{2}$

DA の中点は　$\dfrac{\vec{d}+\vec{a}}{2}$

したがって，この2点の中点は

$$\vec{p} = \dfrac{\dfrac{\vec{b}+\vec{c}}{2}+\dfrac{\vec{d}+\vec{a}}{2}}{2} = \dfrac{\vec{a}+\vec{b}+\vec{c}+\vec{d}}{4} \tag{6.14}$$

となって，①の場合とぴったりと一致します．

③ 対角線 AC の中点と対角線 BD の中点とを結ぶ線分の中点

AC の中点は　$\dfrac{\vec{a}+\vec{c}}{2}$

BD の中点は　$\dfrac{\vec{b}+\vec{d}}{2}$

したがって，この2点の中点は

$$\vec{p} = \dfrac{\dfrac{\vec{a}+\vec{c}}{2}+\dfrac{\vec{b}+\vec{d}}{2}}{2} = \dfrac{\vec{a}+\vec{b}+\vec{c}+\vec{d}}{4} \tag{6.15}$$

となって，①や②の結果と，どんぴしゃりです．

④　三角形 ABD の重心と頂点 C とを結ぶ線分を 1:3 に分ける点

三角形 ABD の重心は　$\vec{g} = \dfrac{\vec{a}+\vec{b}+\vec{d}}{3}$

したがって，この点と C との間を 1:3 に分ける位置は

$$\vec{p} = \dfrac{3\dfrac{\vec{a}+\vec{b}+\vec{d}}{3}+\vec{c}}{4} = \dfrac{\vec{a}+\vec{b}+\vec{c}+\vec{d}}{4} \tag{6.16}$$

となって，これもまた①や②や③と完全に一致しています．

⑤，⑥，⑦については，④と同じやり方で同じ結果が出ることが類推されますから，もう省略させていただいてよいでしょう．気になる方は各人で証明を続行してみてください．

①から⑦までがすべて同じ結果になることをベクトルを使わずに証明するのは，たいしてむずかしくはありませんが，ごみごみして，たいへん手がかかります．それに較べて，ベクトルを使った平面幾何の証明は何とスマートなこと……．

単位ベクトルの独壇場

依然として，幾何的であるような代数的であるような話題が続きます．図 6.6 をごらんください．円錐を平面で切断するとき，切断する位置と角度によっていろいろな曲線が出現します．円錐の頂点に接する平面で切れば点，円錐の軸に直角に切れば円，少しだけ傾けて切れば楕円，もっと傾けて円錐の母線と平行に切れば放物線，さらに傾ければ双曲線，切断面が円錐の頂点を通れば交わる 2 本の

VI ベクトルと行列の総がらみ

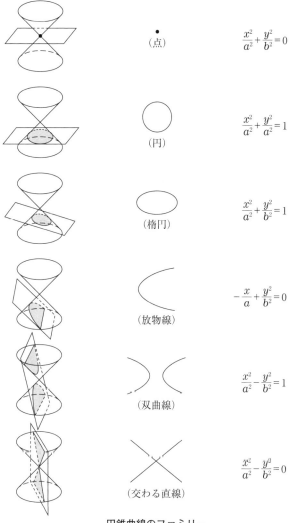

円錐曲線のファミリー

図 6.6

直線が出現します.

で, これらの曲線は円錐曲線というファミリーを構成します. そして, ファミリーだけあって, これらの曲線を表わす式も図に書き込んだように, とてもよく似ている……と書いてある数学の参考書をごらんになった方も少なくないと思います. ここでは, 双曲線の式は

$$\frac{x^2}{a^2} - \frac{y^2}{b^2} = 1 \tag{6.17}$$

と書かれています.

ところが, 中学の数学では, 反比例の説明に続いて

$$y = \frac{c}{x} \tag{6.18}$$

で表わされる曲線を双曲線という……と書かれているのがふつうです.* 両方ともまじめな数学の本に書かれている双曲線の式ですから, きっとどちらも正しいのでしょうし, そうであれば, 両方の式は同じ内容を表わしているのですから, 式(6.17)を変形して式(6.18)を作り出すことができるにちがいありません. というわけで, 式(6.17)をひねくり回してみるのですが, どうしても式(6.18)の形にはならないのです. 式(6.18)は

$$x = \frac{c}{y} \qquad \qquad (6.18)もどき$$

とも書けますから x と y について平等なのに, 式(6.17)のほうは x^2 と y^2 の係数が異なるため x と y について不平等なのがいけないのかと考え, 思いきって a^2 も b^2 も 1 とみなして

$$x^2 - y^2 = 1 \tag{6.19}$$

---

* 『関数のはなし【改訂版】(上)』98 ページを参照していただければ幸いです.

としてみましょう．式(6.19)は，式(6.17)で表わされる双曲線のうちもっとも単純な場合ですが，双曲線であることに変りはないからです．そして，この式(6.19)から式(6.18)もどきを作り出そうともがいてみるのですが，これさえもうまくいかないのです．いったいどうなっているのでしょうか．そこで，この節では，式(6.19)と式(6.18)とが同じものであることを，何とか証明してみようと思います．

第4章で，ある状態(x, y)から他の状態(x', y')へ

$$\left.\begin{array}{l} x' = a_{11}x + a_{12}y \\ y' = a_{21}x + a_{22}y \end{array}\right\} \quad \text{(4.5)と同じ}$$

のルールに従って移行するとき，その移行を一次変換と呼び，この式は，ベクトルと行列を使って書けば

$$\begin{bmatrix} x' \\ y' \end{bmatrix} = \begin{bmatrix} a_{11} & a_{12} \\ a_{21} & a_{22} \end{bmatrix} \begin{bmatrix} x \\ y \end{bmatrix} \quad \text{(4.6)と同じ}$$

なので，この一次変換の有様は

$$\begin{bmatrix} a_{11} & a_{12} \\ a_{21} & a_{22} \end{bmatrix}$$

によって決まってしまうと書きました．そして，x-y座標上では

y軸に対称な移動は $\begin{bmatrix} 1 & 0 \\ 0 & 1 \end{bmatrix}$

x軸に対称な移動は $\begin{bmatrix} 1 & 0 \\ 0 & -1 \end{bmatrix}$

$y = x$の直線に対称な移動は $\begin{bmatrix} 0 & 1 \\ 1 & 0 \end{bmatrix}$

原点を中心とする拡大や縮小は $\begin{bmatrix} k & 0 \\ 0 & k \end{bmatrix}$

によって特徴づけられていることも紹介したのでした．

ひきつづいて，ここでは原点を中心とする回転によって生ずる移動について調べてみようと思います．この移動は数行前に紹介されている4つの一次変換のように簡単ではありません．ふんどしを締めてかかる必要があります．

図6.7を見ながら思索してゆきます．P点が原点のまわりにθだけ回転してP′へ移ったとしましょう．P点の座標は(x, y)，P′点の座標を(x', y')としておきます．さらに，x軸上に大きさ1のベクトル$\vec{e}_x$を，またy軸上にも大きさ1のベクトル$\vec{e}_y$をとります．$\vec{e}_x$と$\vec{e}_y$は基本ベクトルと呼ばれて，けっこう便利な小道具であることは68ページあたりに書いたとおりです．そして，P点とP′点

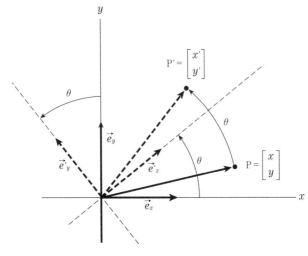

原点巡りの移動

図 6.7

VI ベクトルと行列の総がらみ

をそれぞれ位置ベクトル $\vec{p}$ と $\vec{p}'$ とで表わせば

$$\vec{p} = x\vec{e}_x + y\vec{e}_y \tag{6.20}$$

であると同時に

$$\vec{p}' = x'\vec{e}_x + y'\vec{e}_y \tag{6.21}$$

であることは，68ページの式(2.26)を参照するまでもなく同意していただけることと思います．

つぎに，$\vec{e}_x$ と $\vec{e}_y$ から θ だけ回転した位置に $\vec{e}_x{}'$ と $\vec{e}_y{}'$ とを描いてみます．そうすると

$$\vec{p} \quad \text{と} \quad \vec{e}_x \quad \text{と} \quad \vec{e}_y$$

の相対的な位置関係と

$$\vec{p}' \quad \text{と} \quad \vec{e}_x{}' \quad \text{と} \quad \vec{e}_y{}'$$

の相対的な位置関係とはまったく同じですから

$$\vec{p} = x\vec{e}_x + y\vec{e}_y \qquad (6.20)\text{と同じ}$$

が成り立つなら

$$\vec{p}' = x\vec{e}_x{}' + y\vec{e}_y{}' \tag{6.22}$$

も成り立つはずです．ところが，$\vec{e}_x{}'$ と $\vec{e}_y{}'$ とは，いずれも大きさ（長さ）が1であることを念頭において図6.8を見ていただくと

①から $\vec{e}_x{}' = 1 \cdot \cos\theta \cdot \vec{e}_x + 1 \cdot \sin\theta \cdot \vec{e}_y$
$= \cos\theta \cdot \vec{e}_x + \sin\theta \cdot \vec{e}_y$

②から $\vec{e}_y{}' = -1 \cdot \sin\theta \cdot \vec{e}_x + 1 \cdot \cos\theta \cdot \vec{e}_y$
$= -\sin\theta \cdot \vec{e}_x + \cos\theta \cdot \vec{e}_y$

です．で，これらを式(6.22)に代入します．そうすると

$$\vec{p}' = x(\cos\theta \cdot \vec{e}_x + \sin\theta \cdot \vec{e}_y) + y(-\sin\theta \cdot \vec{e}_x + \cos\theta \cdot \vec{e}_y)$$
$$= (x\cos\theta - y\sin\theta)\vec{e}_x + (x\sin\theta + y\cos\theta)\vec{e}_y$$

が得られます．この式を20行ばかり前の

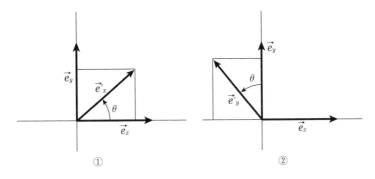

単位ベクトルどうしの付合い

図 6.8

$$\vec{p}' = x\vec{e}_x + y\vec{e}_y \qquad (6.21)と同じ$$

と見較べてください．左辺は同じく $\vec{p}'$ であり，ベクトルが等しいためにはその成分どうしが等しくなければなりませんから，右辺の成分どうしを比較して

$$\left.\begin{array}{l} x' = x\cos\theta - y\sin\theta \\ y' = x\sin\theta + y\cos\theta \end{array}\right\} \quad (6.23)$$

であることがわかります．

たいへんくたびれましたが，やっと原点を中心として回転するときの変換のルールに辿り着きました．できたての式(6.23)を見てください．原点を中心とする回転移動も一次変換であり，そのルールを行列とベクトルとで書けば

$$\begin{bmatrix} x' \\ y' \end{bmatrix} = \begin{bmatrix} \cos\theta & -\sin\theta \\ \sin\theta & \cos\theta \end{bmatrix} \begin{bmatrix} x \\ y \end{bmatrix} \qquad (6.24)$$

であることがわかりました．

ずいぶん道草を食ってしまいましたが，やっと

$$x^2 - y^2 = 1 \qquad\qquad \text{(6.19)と同じ}$$

が，馴染みの深い双曲線の式

$$y = \frac{c}{x} \qquad\qquad \text{(6.18)と同じ}$$

と同じように双曲線を表わしていることを証明する準備がととのいました．式(6.19)で表わされる曲線を原点のまわりに $45°$ 回転させると，馴染み深い双曲線の式(6.18)になるはずなので，やってみようと思います．うまくいきましたらご喝采を……．

原点のまわりに $45°$ 回転させる場合の一次変換の式は，式(6.24)の θ が $45°$ になったものですし，また

$$\cos 45° = \frac{1}{\sqrt{2}}, \quad \sin 45° = \frac{1}{\sqrt{2}}$$

ですから

$$\begin{bmatrix} x' \\ y' \end{bmatrix} = \begin{bmatrix} \dfrac{1}{\sqrt{2}} & -\dfrac{1}{\sqrt{2}} \\ \dfrac{1}{\sqrt{2}} & \dfrac{1}{\sqrt{2}} \end{bmatrix} \begin{bmatrix} x \\ y \end{bmatrix} \qquad\qquad (6.25)$$

で表わされます．私たちは x と y とに $x^2 - y^2 = 1$ の関係を与えたいのですから，式(6.25)を逆向きの変換に直します．*

---

* 141ページをめくっていただくのは申し訳ないので，同じことを書いておきます．
$$\begin{bmatrix} x' \\ y' \end{bmatrix} = \begin{bmatrix} a_{11} & a_{12} \\ a_{21} & a_{22} \end{bmatrix} \begin{bmatrix} x \\ y \end{bmatrix}$$
なら，逆向きの変換は
$$\begin{bmatrix} x \\ y \end{bmatrix} = \frac{1}{\Delta} \begin{bmatrix} a_{22} & -a_{12} \\ -a_{21} & a_{11} \end{bmatrix} \begin{bmatrix} x' \\ y' \end{bmatrix} \qquad \text{(4.38)と同じ}$$
ただし，$\Delta = a_{11}a_{22} - a_{12}a_{21} \neq 0$

$$\begin{bmatrix} x \\ y \end{bmatrix} = \frac{1}{\frac{1}{\sqrt{2}} \times \frac{1}{\sqrt{2}} + \frac{1}{\sqrt{2}} \times \frac{1}{\sqrt{2}}} \begin{bmatrix} \frac{1}{\sqrt{2}} & \frac{1}{\sqrt{2}} \\ -\frac{1}{\sqrt{2}} & \frac{1}{\sqrt{2}} \end{bmatrix} \begin{bmatrix} x' \\ y' \end{bmatrix} = \begin{bmatrix} \frac{1}{\sqrt{2}} & \frac{1}{\sqrt{2}} \\ -\frac{1}{\sqrt{2}} & \frac{1}{\sqrt{2}} \end{bmatrix} \begin{bmatrix} x' \\ y' \end{bmatrix}$$

(6.26)

したがって

$$\left. \begin{array}{l} x = \dfrac{1}{\sqrt{2}} x' + \dfrac{1}{\sqrt{2}} y' = \dfrac{1}{\sqrt{2}} (x' + y') \\ y = -\dfrac{1}{\sqrt{2}} x' + \dfrac{1}{\sqrt{2}} y' = \dfrac{1}{\sqrt{2}} (-x' + y') \end{array} \right\} \quad (6.27)$$

です．この x と y との間に

$$x^2 - y^2 = 1 \qquad (6.19)と同じ$$

の関係があるのですから

$$\left\{ \frac{1}{\sqrt{2}} (x' + y') \right\}^2 - \left\{ \frac{1}{\sqrt{2}} (-x' + y') \right\}^2 = 1$$

$$\therefore \quad \frac{1}{2} (x'^2 + 2x'y' + y'^2 - x'^2 + 2x'y' - y'^2) = 1$$

$$\therefore \quad 2x'y' = 1$$

したがって

$$y' = \frac{1}{2x'}$$

が得られます．これが式(6.19)を満足する点 P(x, y) を，原点を中心に45°回転させたときの P$'(x', y')$ が従わなければならないルールですから，P$'$ のみたす方程式は

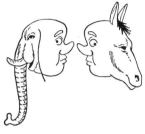

似て非なるもの
$\begin{bmatrix} a_{11} & a_{12} \\ a_{21} & a_{22} \end{bmatrix}$ と $\begin{vmatrix} a_{11} & a_{12} \\ a_{21} & a_{22} \end{vmatrix}$

非で似たるもの
$x^2 - y^2 = 1$
と
$y = \dfrac{c}{x}$

$$y = \frac{1}{2x} \tag{6.28}$$

であり，これが，式(6.19)で表わされる双曲線を，原点を中心に45°回転させたときの方程式です．½は定数ですから，これを c と書けば

$$y = \frac{c}{x} \quad\quad \text{(6.18)と同じ}$$

となって，中学以来，馴染みの深い双曲線の式が，$x^2 - y^2 = 1$ から作り出されたではありませんか．なるほど，式(6.19)と式(6.18)は形は異なっても，ともに双曲線を表わす式であることに同意できる気分になりました（図6.9）．

なお，原点を中心とする回転移動は

$$\begin{bmatrix} x' \\ y' \end{bmatrix} = \begin{bmatrix} \cos\theta & -\sin\theta \\ \sin\theta & \cos\theta \end{bmatrix} \begin{bmatrix} x \\ y \end{bmatrix} \quad\quad \text{(6.24)と同じ}$$

ですから，90°だけ回転させると

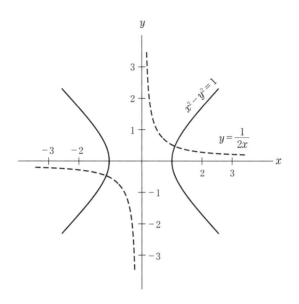

90°回転したばっかりに

図 6.9

$$\begin{bmatrix} x' \\ y' \end{bmatrix} = \begin{bmatrix} 0 & -1 \\ 1 & 0 \end{bmatrix} \begin{bmatrix} x \\ y \end{bmatrix}$$

つまり

$$\left. \begin{array}{l} x' = -y \\ y' = x \end{array} \right\} \quad (6.29)$$

です．また，180°回転させれば

$$\begin{bmatrix} x' \\ y' \end{bmatrix} = \begin{bmatrix} -1 & 0 \\ 0 & -1 \end{bmatrix} \begin{bmatrix} x \\ y \end{bmatrix}$$

したがって

Ⅵ　ベクトルと行列の総がらみ

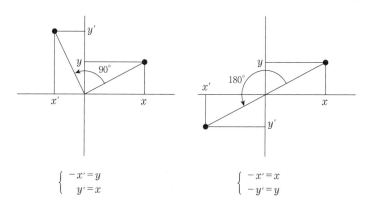

$$\begin{cases} -x' = y \\ y' = x \end{cases} \qquad \begin{cases} -x' = x \\ -y' = y \end{cases}$$

90°と180°の回転もよう

図 6.10

$$\left. \begin{array}{l} x' = -x \\ y' = -y \end{array} \right\} \quad (6.30)$$

であることも，あたりまえのことですが，図 6.10 で確かめておきましょう．

一次変換のブラック・ホール

x-y 座標上の一次変換のいろいろを再度書き並べてみます．

y 軸に対称　$\begin{bmatrix} -1 & 0 \\ 0 & 1 \end{bmatrix}$, 　x 軸に対称　$\begin{bmatrix} 1 & 0 \\ 0 & -1 \end{bmatrix}$

$y = x$ に対称　$\begin{bmatrix} 0 & 1 \\ 1 & 0 \end{bmatrix}$, 　拡大・縮小　$\begin{bmatrix} k & 0 \\ 0 & k \end{bmatrix}$

90°回転　$\begin{bmatrix} 0 & -1 \\ 1 & 0 \end{bmatrix}$, 　180°回転　$\begin{bmatrix} -1 & 0 \\ 0 & -1 \end{bmatrix}$

とても似ているのに，ひと味ずつ異なっているところが愉快です．原点を中心とする拡大縮小の倍率kを1にすると単位行列（104ページ）になり，なるほど大きくも小さくもならず，位置も変わらないのは，単位行列にふさわしいな，と感心したりもします．いずれにせよ，単位行列も含めてこれらの行列には，造形の美さえ感じられるではありませんか．

造形の美といえば，2行2列の行列では

$$\begin{bmatrix} 0 & 0 \\ 0 & 0 \end{bmatrix} \text{や} \begin{bmatrix} 1 & 1 \\ 1 & 1 \end{bmatrix}$$

が，いちばん単純な美しさがあるように思いませんか．そこで，これらの行列による一次変換を試みることにしました．まず

$$\begin{bmatrix} x' \\ y' \end{bmatrix} = \begin{bmatrix} 0 & 0 \\ 0 & 0 \end{bmatrix} \begin{bmatrix} x \\ y \end{bmatrix} \tag{6.31}$$

です．これは

$$\left. \begin{aligned} x' &= 0 \cdot x + 0 \cdot y = 0 \\ y' &= 0 \cdot x + 0 \cdot y = 0 \end{aligned} \right\} \tag{6.32}$$

となり，xとyとがどうであっても，x'とy'は常にゼロなのです．すなわち，$x-y$座標上のすべての点は原点へ移動してしまうことになります．宇宙にはブラック・ホールといわれるところがあって，'そこ'は角砂糖1個分の体積が何十億トンというような目方があるため，その強烈な引力で周囲の物質も光もみな'そこ'へ吸い込まれてしまうのだそうですが，式(6.31)の一次変換では原点がブラック・ホールになっていて，座標上のすべての点が，このブラック・ホールに吸い込まれてしまいます（図6.11）．

つぎに

Ⅵ ベクトルと行列の総がらみ

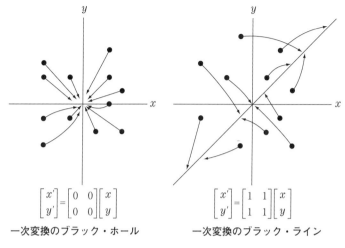

図 6.11

$$\begin{bmatrix} x' \\ y' \end{bmatrix} = \begin{bmatrix} 1 & 1 \\ 1 & 1 \end{bmatrix} \begin{bmatrix} x \\ y \end{bmatrix} \tag{6.33}$$

は,どうでしょうか.これは

$$\left.\begin{aligned} x' &= x + y \\ y' &= x + y \end{aligned}\right\} \tag{6.34}$$

と同じことですが,この式をよく見ていただくと

$$x' = y'$$

になっています.これは,変換された新しい点(x', y')が,すべて原点を通る45°の直線上にあることを意味します.すなわち,x-y座標上のすべての点は,原点を通る45°の直線上へ移動してしまうのです.この直線のことを式(6.33)による一次変換のブラック・ラインとでも名づけましょうか.

念のために付け加えておきますと，x-y-z の立体座標上でも

$$\begin{bmatrix} x' \\ y' \\ z' \end{bmatrix} = \begin{bmatrix} 0 & 0 & 0 \\ 0 & 0 & 0 \\ 0 & 0 & 0 \end{bmatrix} \begin{bmatrix} x \\ y \\ z \end{bmatrix}$$

の一次変換では原点がブラック・ホールになっているし

$$\begin{bmatrix} x' \\ y' \\ z' \end{bmatrix} = \begin{bmatrix} 1 & 1 & 1 \\ 1 & 1 & 1 \\ 1 & 1 & 1 \end{bmatrix} \begin{bmatrix} x \\ y \\ z \end{bmatrix}$$

の一次変換では，$x = y = z$ の直線がブラック・ラインになっていることが，式(6.32)や式(6.34)と同じような考察をすれば容易に納得できます．

このように

$$\begin{bmatrix} 0 & 0 \\ 0 & 0 \end{bmatrix} \text{や} \begin{bmatrix} 1 & 1 \\ 1 & 1 \end{bmatrix}$$

は，形がきれいに整いすぎているせいか，ブラック・ホールやブラック・ラインができてしまい，一次変換としてはやや特殊な例と見受けられます．そこでこんどは，手当り次第に数字を並べ

$$\begin{bmatrix} 3 & 0.5 \\ 2 & 1 \end{bmatrix}$$

に従った一次変換の有様を観察してみることにします．一次変換は

$$\begin{bmatrix} x' \\ y' \end{bmatrix} = \begin{bmatrix} 3 & 0.5 \\ 2 & 1 \end{bmatrix} \begin{bmatrix} x \\ y \end{bmatrix} \tag{6.35}$$

ですから，これは

$$\left. \begin{aligned} x' &= 3x + 0.5y \\ y' &= 2x + y \end{aligned} \right\} \tag{6.36}$$

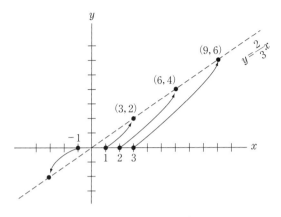

x 軸上の点は，どこへいくか

図 6.12

と書くこともできることはもちろんです．

　まず，この変換をしても，原点はやはり原点であることがわかります．なぜって，原点では $x = 0$, $y = 0$ ですが，そのときは x' も y' も 0 だからです．つぎに図 6.12 を見てください．x 軸上に 4 点ばかり黒丸を付けてありますが，この黒丸は式(6.35)の変換でどこへ移動するでしょうか．調べるのは，わけはありません．例として，ひとつだけやってみます．x 軸上の 3 のところにある黒丸は

$$x = 3, \quad y = 0$$

ですから，これを式(6.36)に代入すれば

$$x' = 3 \times 3 = 9, \quad y' = 2 \times 3 = 6$$

となって，図に書き込んだ矢印のように移動します．こうしてみると，x 軸上のすべての点は式(6.36)の一次変換によって，図 6.12 に描いたように

$$y = \frac{2}{3}x \tag{6.37}$$

の直線上に移動することがわかります．その証拠に，式(6.35)の逆向きの変換は

$$\begin{bmatrix} x \\ y \end{bmatrix} = \frac{1}{3 \times 1 - 0.5 \times 2} \begin{bmatrix} 1 & -0.5 \\ -2 & 3 \end{bmatrix} \begin{bmatrix} x' \\ y' \end{bmatrix} = \frac{1}{2} \begin{bmatrix} 1 & -0.5 \\ -2 & 3 \end{bmatrix} \begin{bmatrix} x' \\ y' \end{bmatrix}$$

ですから

$$x = \frac{1}{2}(x' - 0.5y'), \quad y = \frac{1}{2}(-2x' + 3y') \tag{6.38}$$

なのですが，x軸は$y = 0$の直線ですから，2番めの式によって

$$0 = -2x' + 3y'$$

$$\therefore \quad y' = \frac{2}{3}x'$$

となるはずであり，つまり，x軸は式(6.35)の一次変換で

$$y = \frac{2}{3}x \qquad \text{(6.37)と同じ}$$

になってしまうことが証明できます．

つぎに，y軸はどうなるでしょうか．もうわけはありません．x軸のときと同じようにやればよいのですから，改めて説明の必要もないでしょう．y軸は図6.13のように

$$y = 2x \tag{6.39}$$

で表わされる直線に移し変えられます．

つぎへ進みます．こんどは，一般的な形で表わされた直線

$$y = ax + b \tag{6.40}$$

が，私たちの一次変換でどこへ移るかを調べたいのです．幸い

VI ベクトルと行列の総がらみ

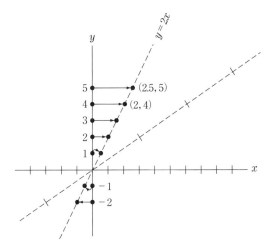

y 軸上の点は，どこへいくか

図 6.13

$$\left.\begin{array}{l} 2x = x' - 0.5y' \\ 2y = -2x' + 3y' \end{array}\right\} \quad (6.38) と同じ$$

であることがわかっていますから，これを式(6.40)に代入してやります．

$$-2x' + 3y' = a(x' - 0.5y') + 2b$$

整理すると

$$y' = \frac{2+a}{3+0.5a} x' + \frac{2b}{3+0.5a} \tag{6.41}$$

となりますが，この式と

$$y = ax + b \tag{6.40と同じ}$$

を見較べると貴重な情報が2つ得られます．その1つは，直線を一

次変換するとやはり直線になるということです．それは，直線の式 (6.40) を一次変換して作り出した式 (6.41) がやはり直線の式だからです．貴重な情報の 2 番めは，平行な直線を一次変換すると，やはり平行な直線になるということです．式 (6.40) で b だけを変化させると平行な直線の群ができますが，b の変化は，式 (6.41) からも平行な直線の群を作り出すからです．

これだけ情報が揃えば，もう私たちの一次変換

$$\begin{bmatrix} x' \\ y' \end{bmatrix} = \begin{bmatrix} 3 & 0.5 \\ 2 & 1 \end{bmatrix} \begin{bmatrix} x \\ y \end{bmatrix} \qquad (6.35)$$ と同じ

のほうも，すっかり煮詰ってきました．図 6.14 をごらんください．

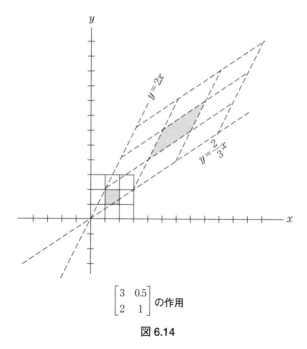

$\begin{bmatrix} 3 & 0.5 \\ 2 & 1 \end{bmatrix}$ の作用

図 6.14

x軸は$y = 2x/3$の直線へ, y軸は$y = 2x$の直線へと変身し, また, 直線は直線に, 平行線は平行線に変換されるのですから, 実線で描かれた縦横3目盛ずつの正方形は, 破線で描かれた縦横3目盛ずつの平行四辺形に変換される以外に生きる道がありません. そして, 薄ずみを塗った小さな正方形は, 薄ずみに彩られた右上の平行四辺形へと変換されてゆく運命にあります.

逆行列バンザイ

この本も, いよいよ大詰めを迎えました. ベクトルや行列を視覚に訴えようと企図したあまり, 幾何学的な図形に話題が偏りすぎた嫌いがあります. 最後に, 現世の話題に戻ることにしましょう.

とある病院での話です. 断っておきますが, 私は医学のイも, 薬学のヤも知りません. ですから, これからの話は完全に数学の例題であって, 現実の薬の調合や治療ではない, まったく架空の話です. この病院では, X, Y, Zという3種の薬を混ぜて患者にビタミンを与えています. X, Y, Zの1グラムには, それぞれ表6.1のようにビタミンA, B, Cが含まれています. この数字の単位はミリグラムでもIUでもよいのですが, めんどうですから, 無名数としておきましょう. 医師が患者の様子を見ながら, この患者にはビタミンA, B, Cがそれぞれ13, 10, 4になるように, あの患者には12, 6, 10

表6.1 薬X, Y, Zに含まれるビタミンの量

薬 ビタミン	X	Y	Z
ビタミンA	1	3	2
ビタミンB	0	2	2
ビタミンC	2	1	0

になるように，そっちの患者には 10, 6, 8 になるようにと指示をするので，薬剤師は 3 種の薬 X, Y, Z を混ぜ合わせて，医師の指示どうりの配合にしなければなりません．

かりに，X を x グラム，Y を y グラム，Z を z グラム混ぜ合わせたとすると，その中には

$$\left.\begin{array}{l} \text{ビタミン A が} \quad a = x + 3y + 2z \\ \text{ビタミン B が} \quad b = 2y + 2z \\ \text{ビタミン C が} \quad c = 2x + y \end{array}\right\} \quad (6.42)$$

ずつ含まれているはずです．ですから，a, b, c を 13, 10, 4 にしたいなら，この三元一次連立方程式を，第 5 章でやった

$$x = \frac{1}{\Delta}\begin{vmatrix} 13 & 3 & 2 \\ 10 & 2 & 2 \\ 4 & 1 & 0 \end{vmatrix}, \quad y = \frac{1}{\Delta}\begin{vmatrix} 1 & 13 & 2 \\ 0 & 10 & 2 \\ 2 & 4 & 0 \end{vmatrix}$$

$$z = \frac{1}{\Delta}\begin{vmatrix} 1 & 3 & 13 \\ 0 & 2 & 10 \\ 2 & 1 & 4 \end{vmatrix} \quad \text{ただし，} \Delta = \begin{vmatrix} 1 & 3 & 2 \\ 0 & 2 & 2 \\ 2 & 1 & 0 \end{vmatrix}$$

によって，x, y, z を計算することができます．けれども毎日毎日，何人もの患者についてこの計算をやらされたのでは，いくら行列式が好きな薬剤師でも，たまったものではありません．なんとかよいくふうはないものでしょうか．

式 (6.42) で表わされる三元一次連立方程式は，一次変換を表わしています．ベクトルと行列とで書けば

$$\begin{bmatrix} a \\ b \\ c \end{bmatrix} = \begin{bmatrix} 1 & 3 & 2 \\ 0 & 2 & 2 \\ 2 & 1 & 0 \end{bmatrix} \begin{bmatrix} x \\ y \\ z \end{bmatrix} \quad (6.43)$$

Ⅵ ベクトルと行列の総がらみ

です．けれども，薬剤師が計算したいのは $[a, b, c]$ ではなく，$[x, y, z]$ です．つまり，薬剤師にとって必要なのは，この一次変換の逆向きの変換なのです．逆向きの変換は

$$\begin{bmatrix} 1 & 3 & 2 \\ 0 & 2 & 2 \\ 2 & 1 & 0 \end{bmatrix} \text{の逆行列を} \begin{bmatrix} 1 & 3 & 2 \\ 0 & 2 & 2 \\ 2 & 1 & 0 \end{bmatrix}^{-1}$$

と書けば

$$\begin{bmatrix} x \\ y \\ z \end{bmatrix} = \begin{bmatrix} 1 & 3 & 2 \\ 0 & 2 & 2 \\ 2 & 1 & 0 \end{bmatrix}^{-1} \begin{bmatrix} a \\ b \\ c \end{bmatrix} \tag{6.44}$$

であり，この形にしておけば，医師から指示された a, b, c の値をこの式に代入するだけで，直ちに x, y, z が求まるにちがいありません．

ところが困ったことに，私たちは2行2列の行列については

$$\begin{bmatrix} a_{11} & a_{12} \\ a_{21} & a_{22} \end{bmatrix}^{-1} = \frac{1}{\Delta} \begin{bmatrix} a_{22} & -a_{12} \\ -a_{21} & a_{11} \end{bmatrix} \quad (4.33)\text{もどき}$$

$$\text{ただし，} \Delta = a_{11}a_{22} - a_{12}a_{21} \neq 0$$

であることを熟知していますが，3行3列の場合の逆行列については，まだ何も知りません．そこで，ちょっと寄り道をして，3行3列以上の行列の逆行列を調べておく必要が生じてきました．

何行何列の行列にでも適用できる逆行列のルールは，つぎのとおりです．いま n 行 n 列の行列

$$A = \begin{bmatrix} a_{11} & a_{12} & \cdots\cdots & a_{1n} \\ a_{21} & a_{22} & \cdots\cdots & a_{2n} \\ \multicolumn{4}{c}{\cdots\cdots\cdots\cdots\cdots\cdots} \\ a_{n1} & a_{n2} & \cdots\cdots & a_{nn} \end{bmatrix}$$

があるとして，この行列から作った行列式を $|A|$ で表わします．
すなわち

$$|A| = \begin{vmatrix} a_{11} & a_{12} & \cdots\cdots & a_{1n} \\ a_{21} & a_{22} & \cdots\cdots & a_{2n} \\ \multicolumn{4}{c}{\cdots\cdots\cdots\cdots\cdots\cdots} \\ a_{n1} & a_{n2} & \cdots\cdots & a_{nn} \end{vmatrix}$$

です．また，a_{ij} をリーダーにした小行列を A_{ij} で表わします．つまり，A_{ij} は $|A|$ から i 行めと j 列めを削除してできた $n-1$ 行 $n-1$ 列の行列式で，$i+j$ が奇数の場合には，マイナス符号が追加されます．たとえば

$$A_{11} = \begin{vmatrix} a_{22} & a_{23} & \cdots\cdots & a_{2n} \\ a_{32} & a_{33} & \cdots\cdots & a_{3n} \\ \multicolumn{4}{c}{\cdots\cdots\cdots\cdots\cdots\cdots} \\ a_{n2} & a_{n3} & \cdots\cdots & a_{nn} \end{vmatrix}, \quad A_{21} = -\begin{vmatrix} a_{12} & a_{13} & \cdots\cdots & a_{1n} \\ a_{32} & a_{33} & \cdots\cdots & a_{3n} \\ \multicolumn{4}{c}{\cdots\cdots\cdots\cdots\cdots\cdots} \\ a_{n2} & a_{n3} & \cdots\cdots & a_{nn} \end{vmatrix}$$

というぐあいです．こう約束すると，A の逆行列 A^{-1} は $|A|$ がゼロではない場合に存在し

$$A^{-1} = \frac{1}{|A|} \begin{bmatrix} A_{11} & A_{21} & \cdots\cdots & A_{n1} \\ A_{12} & A_{22} & \cdots\cdots & A_{n2} \\ \multicolumn{4}{c}{\cdots\cdots\cdots\cdots\cdots\cdots} \\ A_{1n} & A_{2n} & \cdots\cdots & A_{nn} \end{bmatrix} \qquad (6.45)$$

で表わされます．この右辺の添字をよく観察してもとの行列 A の場合と較べると，行と列とが入れ代わっていることに気がつくでしょう．要注意です．この式が A の逆行列を表わしている証拠に，この式の右辺を A とかけ合わせると，必ず単位行列になってしまいます．各人で試みていただいても結構ですが，付録にも載せておきました．

この関係を利用して，薬調合の行列

$$\begin{bmatrix} 1 & 3 & 2 \\ 0 & 2 & 2 \\ 2 & 1 & 0 \end{bmatrix}$$

の逆行列を求めてみます．まず

$$|A| = 2$$

であることは各人で確認してください．つぎに，A_{12} や A_{21} などでは符号が逆転することに注意しながら

$$A_{11} = \begin{vmatrix} 2 & 2 \\ 1 & 0 \end{vmatrix} = -2, \quad A_{12} = -\begin{vmatrix} 0 & 2 \\ 2 & 0 \end{vmatrix} = 4, \quad A_{13} = \begin{vmatrix} 0 & 2 \\ 2 & 1 \end{vmatrix} = -4$$

$$A_{21} = -\begin{vmatrix} 3 & 2 \\ 1 & 0 \end{vmatrix} = 2, \quad A_{22} = \begin{vmatrix} 1 & 2 \\ 2 & 0 \end{vmatrix} = -4, \quad A_{23} = -\begin{vmatrix} 1 & 3 \\ 2 & 1 \end{vmatrix} = 5$$

$$A_{31} = \begin{vmatrix} 3 & 2 \\ 2 & 2 \end{vmatrix} = 2, \quad A_{32} = -\begin{vmatrix} 1 & 2 \\ 0 & 2 \end{vmatrix} = -2, \quad A_{33} = \begin{vmatrix} 1 & 3 \\ 0 & 2 \end{vmatrix} = 2$$

となります．そうすると，行と列とが入れ代わることに注意して

$$A^{-1} = \frac{1}{2} \begin{bmatrix} -2 & 2 & 2 \\ 4 & -4 & -2 \\ -4 & 5 & 2 \end{bmatrix} = \begin{bmatrix} -1 & 1 & 1 \\ 2 & -2 & -1 \\ 2 & 2.5 & 1 \end{bmatrix}$$

となります．念のために検算してみましょうか．

$$A \cdot A^{-1} = \begin{bmatrix} 1 & 3 & 2 \\ 0 & 2 & 2 \\ 2 & 1 & 0 \end{bmatrix} \begin{bmatrix} -1 & 1 & 1 \\ 2 & -2 & -1 \\ -2 & 2.5 & 1 \end{bmatrix}$$

$$= \begin{bmatrix} 1\bullet(-1)+3\bullet 2+2\bullet(-2) & 1\bullet 1+3\bullet(-2)+2\bullet 2.5 & 1\bullet 1+3\bullet(-1)+2\bullet 1 \\ 0\bullet(-1)+2\bullet 2+2\bullet(-2) & 0\bullet 1+2\bullet(-2)+2\bullet 2.5 & 0\bullet 1+2\bullet(-1)+2\bullet 1 \\ 2\bullet(-1)+1\bullet 2+0\bullet(-2) & 2\bullet 1+1\bullet(-2)+0\bullet 2.5 & 2\bullet 1+1\bullet(-1)+0\bullet 1 \end{bmatrix}$$

$$= \begin{bmatrix} 1 & 0 & 0 \\ 0 & 1 & 0 \\ 0 & 0 & 1 \end{bmatrix} = E\,(単位行列)$$

となって，オッケーです．

本道へ戻ります．薬剤師は医師からの指示にいつでも応じられるよう式(6.44)を準備したのに，その中の逆行列の形がわからなくて困っていたのですから，式(6.44)にいま求めた逆行列を入れると

$$\begin{bmatrix} x \\ y \\ z \end{bmatrix} = \begin{bmatrix} -1 & 1 & 1 \\ 2 & -2 & -1 \\ -2 & 2.5 & 1 \end{bmatrix} \begin{bmatrix} a \\ b \\ c \end{bmatrix} \tag{6.46}$$

が得られます．書き換えると

$$\left. \begin{aligned} x &= -a + b + c \\ y &= 2a - 2b - c \\ z &= -2a + 2.5b + c \end{aligned} \right\} \tag{6.47}$$

です．ここまで準備ができれば，いつ医師からの指示がこようと，へっちゃらです．たとえば

$$\left. \begin{aligned} a(\text{ビタミン A}) &\quad 13 \\ b(\text{ビタミン B}) &\quad 10 \\ c(\text{ビタミン C}) &\quad 4 \end{aligned} \right\} \text{になるよう薬を調合せよ}$$

とくれば，これらの値を式(6.47)に代入して

$$x = -13 + 10 + 4 = 1$$
$$y = 2 \times 13 - 2 \times 10 - 4 = 2$$
$$z = -2 \times 13 + 2.5 \times 10 + 4 = 3$$

ですから，薬Xを1グラム，薬Yを2グラム，薬Zを3グラム混ぜ合わせればよいのですし，また

Ⅵ ベクトルと行列の総がらみ

$$\left.\begin{array}{l} a = 10 \\ b = 6 \\ c = 8 \end{array}\right\} \text{が必要なら} \left\{\begin{array}{l} x = 4 \\ y = 0 \\ z = 3 \end{array}\right.$$

というぐあいで，なんの苦もありません．* これも，三元一次の連立方程式(6.42)を，逆行列を使ってx, y, zについて解いた形の式(6.47)に直しておいたからです．まさに，逆行列バンザイです．

最　後　に

　薬の調合の問題は，成分の異なる何種類かを混合するとどうなるかを取り扱っています．この種の問題は日常，私たちの身のまわりにもしばしば発生するタイプなので**混合算**と名づけられ，つるかめ算と並んで昔から有名な算術の形式です．

　つるかめ算と混合算に共通な点は，いずれも1次の連立方程式で表わされることです．そして，1次の連立方程式は不思議にベクトルや行列や行列式と相性のよいことは，第4章以来とくとごらんいただいたとおりです．この相性のよさは，ベクトルや行列や行列式は1次方程式と同様に**線形**といわれる性格を持っているからです．線形という言葉はつぎのように解釈しておけばよいでしょう．ひと

---

*　医師の指示によっては，薬の調合がうまくいかないときがあります．たとえば，aを13，bを2，cを1にしようとするとき
　　$x = -10$, $y = 21$, $z = -20$
にしなければなりませんが，−20グラムの薬を混ぜることはできませんから，数学的には答が求まっても，現実の調合は不可能です．けれども，これは不可能なことを要求されたことを率直に表現しているだけであって，少なくとも数学の責任ではありません．

つの例として，太さが一定の丸棒を考えたとき，長さ10cmの丸棒の重さが7grであれば，長さ20cmの丸棒の重さは14grです．いま，10cmの丸棒と20cmの丸棒を継ぎ合わせたとすると，長さが10cmと20cmの和の30cmになると同時に，重さは7grと14grの和の21grになります．このように

　　A に対する効果が a

　　B に対する効果が b

であるとき

　　$A + B$ に対する効果が $a + b$

であるような関係を線形と呼びます．1次式は典型的な線形です．早い話が

$$\left.\begin{array}{l} A = a \\ B = b \end{array}\right\} \quad \text{なら} \quad A + B = a + b$$

なのですから……．これに対して，2次式や三角関数は線形ではありません．

$$\left.\begin{array}{l} A^2 = a \\ B^2 = b \end{array}\right\} \quad \text{のとき} \quad (A + B)^2 = a + b$$

ではないし，また

$$\left.\begin{array}{l} \sin A = a \\ \sin B = b \end{array}\right\} \quad \text{のとき} \quad \sin(A + B) = a + b$$

ではないからです．

　繰り返すようですが，1次式は線形です．したがって，1次式の集りである多元1次連立方程式も線形です．そして，ベクトルや行列や行列式の性格も基本的には線形です．その証拠に，ベクトルと行列で書かれた一次変換の式

$$\begin{bmatrix} x' \\ y' \\ z' \end{bmatrix} = \begin{bmatrix} a_1 & a_2 & a_3 \\ b_1 & b_2 & b_3 \\ c_1 & c_2 & c_3 \end{bmatrix} \begin{bmatrix} x \\ y \\ z \end{bmatrix}$$

は，1次の連立方程式

$$x' = a_1 x + a_2 y + a_3 z$$
$$y' = b_1 x + b_2 y + b_3 z$$
$$z' = c_1 x + c_2 y + c_3 z$$

とまったく同じことではありませんか．さらに，この連立方程式の解は

$$x = \frac{1}{\Delta} \begin{vmatrix} x' & a_2 & a_3 \\ y' & b_2 & b_3 \\ z' & c_2 & c_3 \end{vmatrix} \qquad \text{ここで，} \Delta = \begin{vmatrix} a_1 & a_2 & a_3 \\ b_1 & b_2 & b_3 \\ c_1 & c_2 & c_3 \end{vmatrix}$$

のように，行列式そのもので表わされるからです．

　こういうわけで，ベクトルや行列や行列式を多用して線形に従う代数を扱う数学は**線形代数**と呼ばれています．そして，線形代数は数学の中の重要な分野のひとつと考えられています．それは，線形代数が数学全般にわたる基本的な事項を取り扱っているからであり，また，この本の中でもいくつかの例をご紹介したように，自然科学や社会科学の中で，きわめて現実的な応用範囲を誇っているからでもあります．その応用範囲には線形計画法とか，多変量解析とか，その他さまざまなユニークな手法も含まれているのですが，この本でご紹介する余裕がないことが残念でなりません．

　どうか，この本を読んでいただいた余勢をかって，線形代数のさまざまな応用動作を楽しんでいただきたいと思います．

付　　　録

原点を通る直線に対称な移動は一次変換である

下図のように，$y = cx$ の直線をはさんで対称な位置にある 2 つの点 (α, β) と (α', β') の関係を調べてみましょう．(α, β) と (α', β') とを結ぶ直線は $y = cx$ と直交しますから，その傾きは $-1/c$ です．したがって，(α, β) と (α', β') を結ぶ直線は

$$y = -\frac{1}{c}x + n$$

の形で表わされるはずです．この式の x に α を，y に β を代入して n を求めると

$$n = \frac{1}{c}\alpha + \beta$$

ですから，(α, β) と (α', β') とを結ぶ直線の式は

$$y = -\frac{1}{c}x + \frac{1}{c}\alpha + \beta$$

です．そして，この式と

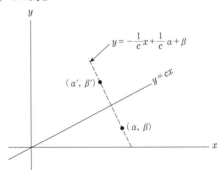

$y = cx$ に対称な移動を考える

$$y = cx$$

とを連立させて解くと，$y = cx$ の直線と (α, β) と (α', β') を結ぶ直線の交点が

$$x = \frac{\alpha + c\beta}{1 + c^2}$$

$$y = \frac{c\alpha + c^2\beta}{1 + c^2}$$

であることがわかります．さらに，図からわかるように

$$\alpha - \frac{\alpha + c\beta}{1 + c^2} = \frac{\alpha + c\beta}{1 + c^2} - \alpha'$$

$$\beta' - \frac{c\alpha + c^2\beta}{1 + c^2} = \frac{c\alpha + c^2\beta}{1 + c^2} - \beta$$

ですから，これを整理して α' と β' を求めると

$$\alpha' = \frac{1 - c^2}{1 + c^2}\alpha + \frac{2c}{1 + c^2}\beta$$

$$\beta' = \frac{2c}{1 + c^2}\alpha + \frac{c^2 - 1}{1 + c^2}\beta$$

が得られます．ここで，(α, β) を一般的に (x, y) と書き，(α', β') を (x', y') と書けば，$y = cx$ に対称な点の移動は

$$x' = \frac{1 - c^2}{1 + c^2}x + \frac{2c}{1 + c^2}y$$

$$y' = \frac{2c}{1 + c^2}x + \frac{c^2 - 1}{1 + c^2}y$$

となり，これは明らかに一次変換です．この一次変換を特徴づける行列は

$$\frac{1}{1 + c^2}\begin{bmatrix} 1 - c^2 & 2c \\ 2c & c^2 - 1 \end{bmatrix}$$

であり，$y = x$ に対称な移動の場合には $c = 1$ ですから

$$\frac{1}{1 + 1}\begin{bmatrix} 1 - 1 & 2 \\ 2 & 1 - 1 \end{bmatrix} = \frac{1}{2}\begin{bmatrix} 0 & 2 \\ 2 & 0 \end{bmatrix} = \begin{bmatrix} 0 & 1 \\ 1 & 0 \end{bmatrix}$$

となった次第です．

逆行列であることの証

$$A = \begin{bmatrix} a_{11} & a_{12} & \cdots & a_{1n} \\ a_{21} & a_{22} & \cdots & a_{2n} \\ \multicolumn{4}{c}{\cdots\cdots\cdots\cdots\cdots} \\ a_{n1} & a_{n2} & \cdots & a_{nn} \end{bmatrix} \tag{1}$$

の逆行列が

$$A^{-1} = \frac{1}{|A|} \begin{bmatrix} A_{11} & A_{21} & \cdots & A_{n1} \\ A_{12} & A_{22} & \cdots & A_{n2} \\ \multicolumn{4}{c}{\cdots\cdots\cdots\cdots\cdots} \\ A_{1n} & A_{2n} & \cdots & A_{nn} \end{bmatrix} \tag{2}$$

であれば

$$A \cdot A^{-1} = E \text{(単位行列)}$$

になるはずです．これを確かめてみましょう．

まず，行列式 $|A|$ を i 行に沿って展開します．

$$|A| = a_{i1} A_{i1} + a_{i2} A_{i2} + \cdots\cdots + a_{in} A_{in} \tag{3}$$

いまかりに，i 行の要素と j 行の要素とがまったく等しく

$$a_{i1} = a_{j1},\ a_{i2} = a_{j2},\ \cdots\cdots,\ a_{in} = a_{jn} \tag{4}$$

であるとすると，166ページに書いたように2つの行がまったく等しい行列式の値はゼロですから

$$|A| = a_{i1} A_{i1} + a_{i2} A_{i2} + \cdots\cdots + a_{in} A_{in} = 0 \tag{5}$$

であると同時に，a_{i1} は a_{j1} と，a_{i2} は a_{j2} と，……それぞれ等しいので

$$a_{j1} A_{i1} + a_{j2} A_{i2} + \cdots\cdots + a_{jn} A_{in} = 0 \tag{6}$$

も成立します．ところで

$$a_{j1} A_{i1} + a_{j2} A_{i2} + \cdots\cdots + a_{jn} A_{in} \tag{7}$$

という式は，$i = j$ なら式(3)と同じになってしまうので，$|A|$ を表わしてい

ます.つまり,この式は

$$\left.\begin{array}{l} i \neq j \text{のとき } 0 \\ i = j \text{のとき } |A| \end{array}\right\} \quad (8)$$

に等しいのです.ここがポイントです.

$$\begin{bmatrix} a_{11} & a_{12} & \cdots & a_{1n} \\ a_{21} & a_{22} & \cdots & a_{2n} \\ \multicolumn{4}{c}{\cdots\cdots\cdots\cdots\cdots\cdots} \\ a_{n1} & a_{n2} & \cdots & a_{nn} \end{bmatrix} \begin{bmatrix} A_{11} & A_{21} & \cdots & A_{n1} \\ A_{12} & A_{22} & \cdots & A_{n2} \\ \multicolumn{4}{c}{\cdots\cdots\cdots\cdots\cdots\cdots} \\ A_{1n} & A_{2n} & \cdots & A_{nn} \end{bmatrix}$$

のかけ算を実行すると,j 行の i 番めの要素が

$$a_{j1} A_{i1} + a_{j2} A_{i2} + \cdots\cdots + a_{jn} A_{in}$$

になりますが,これは $i \neq j$ なら 0,$i = j$ なら $|A|$ なのですから,かけ算の結果は

$$\begin{bmatrix} |A| & 0 & \cdots & 0 \\ 0 & |A| & \cdots & 0 \\ \multicolumn{4}{c}{\cdots\cdots\cdots\cdots\cdots\cdots} \\ 0 & 0 & & |A| \end{bmatrix}$$

となってしまいます.したがって

$$A \cdot A^{-1} = \frac{1}{|A|} \begin{bmatrix} |A| & 0 & \cdots & 0 \\ 0 & |A| & \cdots & 0 \\ \multicolumn{4}{c}{\cdots\cdots\cdots\cdots\cdots\cdots} \\ 0 & 0 & \cdots & |A| \end{bmatrix} = \begin{bmatrix} 1 & 0 & \cdots & 0 \\ 0 & 1 & \cdots & 0 \\ \multicolumn{4}{c}{\cdots\cdots\cdots\cdots} \\ 0 & 0 & \cdots & 1 \end{bmatrix} \quad (9)$$

となって,A の逆行列が式(2)で表わされることが見事に立証されました.

なお,δ_{ij} という記号を使って

$$\begin{cases} \delta_{ij} = 1 & (i = j \text{のとき}) \\ \delta_{ij} = 0 & (i \neq j \text{のとき}) \end{cases}$$

とすれば

$$a_{i1} A_{j1} + a_{i2} A_{j2} + \cdots\cdots + a_{in} A_{jn} = |A| \delta_{ij} \quad (10)$$

と恰好よく書くことができます.δ_{ij} という記号は,**クロネッカーのデルタ**と

名づけられて，数学のプロの間では重宝がられています．

連立方程式が行列式で解けるわけ

「逆行列であることの証」をさらに発展させてゆくと，行列式を使うと連立方程式が解けるわけがわかります．いま，n元1次の連立方程式

$$\left. \begin{array}{l} a_{11}\,x_1 + a_{12}\,x_2 + \cdots\cdots + a_{1n}\,x_n = b_1 \\ a_{21}\,x_1 + a_{22}\,x_2 + \cdots\cdots + a_{2n}\,x_n = b_2 \\ \cdots\cdots\cdots\cdots\cdots\cdots\cdots\cdots\cdots\cdots\cdots\cdots \\ a_{n1}\,x_1 + a_{n2}\,x_2 + \cdots\cdots + a_{nn}\,x_n = b_n \end{array} \right\} \quad (11)$$

があるとしましょう．この1番めの式にはA_{11}を，2番めの式にはA_{21}を，……，n番めの式にはA_{n1}をそれぞれ両辺にかけ合わせます．

$$\left. \begin{array}{l} a_{11}\,A_{11}\,x_1 + a_{12}\,A_{11}\,x_2 + \cdots\cdots + a_{1n}\,A_{11}\,x_n = b_1\,A_{11} \\ a_{21}\,A_{21}\,x_1 + a_{22}\,A_{21}\,x_2 + \cdots\cdots + a_{2n}\,A_{21}\,x_n = b_2\,A_{21} \\ \cdots\cdots\cdots\cdots\cdots\cdots\cdots\cdots\cdots\cdots\cdots\cdots \\ a_{n1}\,A_{n1}\,x_1 + a_{n2}\,A_{n1}\,x_2 + \cdots\cdots + a_{nn}\,A_{n1}\,x_n = b_n\,A_{n1} \end{array} \right\} \quad (12)$$

そして，n個の方程式をいっせいに加え合わせます．そうすると，x_1の係数は

$$a_{11}\,A_{11} + a_{21}\,A_{21} + \cdots\cdots + a_{n1}\,A_{n1}$$

となりますが，これは$|A|$を第1列に沿って展開した式そのものですから

$$a_{11}\,A_{11} + a_{21}\,A_{21} + \cdots\cdots + a_{n1}\,A_{n1} = |A| \quad (13)$$

です．また，x_2の係数は

$$a_{12}\,A_{11} + a_{22}\,A_{21} + \cdots\cdots + a_{n2}\,A_{n1}$$

ですが，これは238ページの式(6)で行と列とをいっせいに入れ替えたものにすぎませんから，ゼロになります．同じように，x_3，……，x_nの係数はすべてゼロになることを確かめるのは，わけはありません．つまり，式(12)をぜんぶ加え合わせてみると，左辺には式(13)から現われた$|A|$がかけ合わされた$|A|\,x_1$だけが残ることになります．

式(12)をぜんぶ加え合わせたときの右辺はどうでしょうか．右辺は

$$b_1 A_{11} + b_2 A_{21} + \cdots\cdots + b_n A_{n1}$$

となりますが，これは

$$\begin{vmatrix} b_1 & a_{12} & \cdots\cdots & a_{1n} \\ b_2 & a_{22} & \cdots\cdots & a_{2n} \\ \multicolumn{4}{c}{\cdots\cdots\cdots\cdots\cdots\cdots} \\ b_n & a_{n2} & \cdots\cdots & a_{nn} \end{vmatrix}$$

を第1列に沿って展開したものです．これで，式(12)をいっせいに加え合わせたときの左辺と右辺とが求まりました．すなわち

$$|A|x_1 = \begin{vmatrix} b_1 & a_{12} & \cdots\cdots & a_{1n} \\ b_2 & a_{22} & \cdots\cdots & a_{2n} \\ \multicolumn{4}{c}{\cdots\cdots\cdots\cdots\cdots\cdots} \\ b_n & a_{n2} & \cdots\cdots & a_{nn} \end{vmatrix}$$

です．したがって

$$x_1 = \frac{1}{|A|} \begin{vmatrix} b_1 & a_{12} & \cdots\cdots & a_{1n} \\ b_2 & a_{22} & \cdots\cdots & a_{2n} \\ \multicolumn{4}{c}{\cdots\cdots\cdots\cdots\cdots\cdots} \\ b_n & a_{n2} & \cdots\cdots & a_{nn} \end{vmatrix} \qquad (14)$$

という形で x_1 が求まることがわかります．つづいて，式(11)の1番めの式には A_{12} を，2番めの式には A_{22} を，……，n 番めの式には A_{n2} をかけ合わせて，n 個の方程式をいっせいに加え合わせてみてください．

$$x_2 = \frac{1}{|A|} \begin{vmatrix} a_{11} & b_1 & \cdots\cdots & a_{1n} \\ a_{21} & b_2 & \cdots\cdots & a_{2n} \\ \multicolumn{4}{c}{\cdots\cdots\cdots\cdots\cdots\cdots} \\ a_{n1} & b_n & \cdots\cdots & a_{nn} \end{vmatrix} \qquad (15)$$

が求まるはずです．以下，x_3, ……, x_n についても仕掛けは同じです．連立方程式の解を表わす式(14)や式(15)などは，**クラメルの公式**と呼ばれていることを申し添えて一巻の終りといたします．

演算法則

			ベクトルの世界
交換法則	乗法	ベクトル(行列)とスカラー	$n \times \vec{a} = \vec{a} \times n$
		ベクトル(行列)どうし	$\vec{a} \cdot \vec{b} = \vec{b} \cdot \vec{a}$ (外積では成立しない)
	加法		$\vec{a} + \vec{b} = \vec{b} + \vec{a}$
結合法則	乗法	ベクトル(行列)とスカラー	$m \times (n \times \vec{a}) = (m \times n) \times \vec{a}$
		ベクトル(行列)どうし	成立しない
	加法		$\vec{a} + (\vec{b} + \vec{c}) = (\vec{a} + \vec{b}) + \vec{c}$
分配法則	乗法の加法に対する	ベクトル(行列)とスカラー	$m \times (\vec{a} + \vec{b}) = m \times \vec{a} + m \times \vec{b}$ $\vec{a} \times (m + n) = m \times \vec{a} + n \times \vec{a}$
		ベクトル(行列)どうし	$\vec{a} \cdot (\vec{b} + \vec{c}) = \vec{a} \cdot \vec{b} + \vec{a} \cdot \vec{c}$ $\vec{a} \times (\vec{b} + \vec{c}) = \vec{a} \times \vec{b} + \vec{a} \times \vec{c}$
	加法の乗法に対する		成立しない

一覧表

行列の世界	数の世界	論理の世界	集合の世界
$n \times A = A \times n$ 成立しない	$a \times b = b \times a$	$p \wedge q = q \wedge p$	$A \cap B = B \cap A$
$A + B = B + A$	$a + b = b + a$	$p \vee q = q \vee p$	$A \cup B = B \cup A$
$m \times (n \times A)$ $= (m \times n) \times A$ $A \times (B \times C)$ $= (A \times B) \times C$	$a \times (b \times c)$ $= (a \times b) \times c$	$p \wedge (q \wedge r)$ $= (p \wedge q) \wedge r$	$A \cap (B \cap C)$ $= (A \cap B) \cap C$
$A + (B + C)$ $= (A + B) + C$	$a + (b + c)$ $= (a + b) + c$	$p \vee (q \vee r)$ $= (p \vee q) \vee r$	$A \cup (B \cup C)$ $= (A \cup B) \cup C$
$m \times (A + B)$ $= m \times A + m \times B$ $A \times (m + n)$ $= A \times m + A \times n$ $A \times (B + C)$ $= A \times B + A \times C$ $(A + B) \times C$ $= A \times C + B \times C$	$a \times (b + c) =$ $(a \times b) + (a \times c)$	$p \wedge (q \vee r) =$ $(p \wedge q) \vee (p \wedge r)$	$A \cap (B \cup C) =$ $(A \cap B) \cup (A \cap C)$
成立しない	成立しない	$p \vee (q \wedge r) =$ $(p \vee q) \wedge (p \vee r)$	$A \cup (B \cap C) =$ $(A \cup B) \cap (A \cup C)$

一冊の本の背後には必ず一人の人間がいる　──　エマーソン

著者紹介

大村　平（工学博士）

1930年　秋田県に生まれる
1953年　東京工業大学機械工学科卒業
　　　　防衛庁空幕技術部長，航空実験団司令，
　　　　西部航空方面隊司令官，航空幕僚長を歴任
1987年　退官．その後，防衛庁技術研究本部技術顧問，
　　　　お茶の水女子大学非常勤講師，日本電気株式会社顧問，
　　　　(社)日本航空宇宙工業会顧問などを歴任

行列とベクトルのはなし【改訂版】
— 線形代数の基礎 —

1978年 3月30日　第 1 刷発行
2011年11月 4日　第24刷発行
2015年 2月23日　改訂版 第 1 刷発行
2023年 7月12日　改訂版 第 7 刷発行

著　者　大　村　　　平
発行人　戸　羽　節　文

発行所　株式会社 日科技連出版社
〒151-0051　東京都渋谷区千駄ヶ谷5-15-5
DSビル
電話　出版　03-5379-1244
　　　営業　03-5379-1238

検印省略

印刷・製本　河北印刷株式会社

Printed in Japan

© Michiko Ohmura 1978, 2015
ISBN 978-4-8171-9543-2
URL http://www.juse-p.co.jp/

本書の全部または一部を無断でコピー，スキャン，デジタル化などの複製をすることは著作権法上での例外を除き禁じられています．本書を代行業者等の第三者に依頼してスキャンやデジタル化することは，たとえ個人や家庭内での利用でも著作権法違反です．

はなしシリーズ《改訂版》
絶賛発売中！

■もっとわかりやすく，手軽に読める本が欲しい！
この要望に応えるのが本シリーズの使命です．

- 確率のはなし
- 統計のはなし
- 統計解析のはなし
- 微積分のはなし(上)
- 微積分のはなし(下)
- 関数のはなし(上)
- 関数のはなし(下)
- 実験計画と分散分析のはなし
- 多変量解析のはなし
- 信頼性工学のはなし
- 予測のはなし
- ORのはなし
- QC数学のはなし
- 方程式のはなし
- 行列とベクトルのはなし
- 論理と集合のはなし
- 評価と数量化のはなし
- 人工知能(AI)のはなし

日科技連